文科生也學得會！

資料科學 × 機器學習

實戰探索　Practical Exploration

使用 Excel

感謝您購買旗標書，
記得到旗標網站
www.flag.com.tw
更多的加值內容等著您…

<請下載 QR Code App 來掃描>

● FB 官方粉絲專頁：旗標知識講堂

● 旗標「線上購買」專區：您不用出門就可選購旗標書！

● 如您對本書內容有不明瞭或建議改進之處，請連上旗標網站，點選首頁的 聯絡我們 專區。

若需線上即時詢問問題，可點選旗標官方粉絲專頁留言詢問，小編客服隨時待命，盡速回覆。

若是寄信聯絡旗標客服 email，我們收到您的訊息後，將由專業客服人員為您解答。

我們所提供的售後服務範圍僅限於書籍本身或內容表達不清楚的地方，至於軟硬體的問題，請直接連絡廠商。

| 學生團體 | 訂購專線：(02)2396-3257 轉 362 |
| | 傳真專線：(02)2321-2545 |

經銷商	服務專線：(02)2396-3257 轉 331
	將派專人拜訪
	傳真專線：(02)2321-2545

國家圖書館出版品預行編目資料

文科生也學得會！資料科學╳機器學習實戰探索 -
使用 Excel：楊清鴻、陳宗和、陳瑞泓、王雅惠 著.
-- 臺北市：旗標，2022. 06　面；公分

ISBN 978-986-312-711-6 (平裝)

1. CST：機器學習　2. CST：資料探勘

312.831　　　　　　　　　　　　　111004159

作　　者／楊清鴻、陳宗和、陳瑞泓、王雅惠

發 行 所／旗標科技股份有限公司

　　　　　台北市杭州南路一段15-1號19樓

電　　話／(02)2396-3257(代表號)

傳　　真／(02)2321-2545

劃撥帳號／1332727-9

帳　　戶／旗標科技股份有限公司

監　　督／陳彥發

執行企劃／張根誠

執行編輯／張根誠

美術編輯／林美麗

封面設計／林美麗

校　　對／張根誠、楊清鴻、陳宗和、
　　　　　陳瑞泓、王雅惠

新台幣售價：550 元

西元 2022 年 6 月初版

行政院新聞局核准登記-局版台業字第 4512 號

ISBN　978-986-312-711-6

版權所有‧翻印必究

站在風口上，
連豬也會飛！

2016年3月Google DeepMind開發的AlphaGo，一個以深度學習技術設計的圍棋程式，挑戰並打敗當時世界排名第四的南韓九段高手李世乭，4：1的局數讓舉世為之嘩然，因而聲名大噪！

自此人工智慧強大的能力在世人面前展露無遺，使得人類重新審視定位這項潛力無限的科技！鼓舞了各行各業爭相搶奪資料科學、人工智慧方面的人才，以進行企業改造。身在此番時代的你！怎能不去思考學習駕馭這項新熱門呢！

Mr. Right！

你還在尋找 AI 的入門書嗎？
小翻一下，本書就是你的 Mr. Right！

☑ Excel是學習AI很好的敲門磚，尤其是對於早已熟稔Excel的讀者或授課教師！

☑ 內容適合的對象廣泛，諸如高中職學生及授課教師、大專生、社會人士！

☑ 各模型的工作表佈局和配色都經過精心設計，讓讀者可以更容易掌握模型細部的運作！

☑ 實作範例使用的資料集，資料筆數極為精簡卻又不失完善，讓你更容易學習、閱讀，可以大大縮減動手作的時間，很適合使用於教學現場！

☑ 親切可愛的手繪風，詮釋原本艱澀的觀念，讓你更容易了解！

☑ 豐富多元的實作範例和練習題，讓你在輕鬆的氛圍下能多做練習，期能更加熟悉模型的觀念！

☑ 超有sense的學習地圖讓你能更快速掌握一章的全貌和學習節奏！

☑ 觀念較複雜的單元，貼心地以先剖析方法再動手作的方式編排！

☑ 加碼介紹Google熱騰騰、強大、免費的AI學習體驗工具：Teachable Machine (機器學習)、TensorFlow Playground (類神經網路)。

☑ 作者們都具有超過20年以上的教學經驗，深諳初學者的痛處，故對內容的編排和陳述方式皆經用心安排！

為什麼選用 Excel 學習深奧的 AI 觀念呢？
不要懷疑！除了易學，它還多了能細細
觀察模型內部運行的機制！

☑ 拋開一般程式語言把模型封裝成讀者只知其然而不知其所以然的黑盒子，
讓你清晰明白模型運作的精妙之處！

☑ Excel可以更清楚觀察資料集演算的變化，提供教學現場良好的討論素材！

☑ Excel是普及於全球辦公室的軟體，多數人都已學過，因此本書能讓更多
不同工作性質和階層的社會人士受惠，而不只是侷限於IT人員！

☑ 介紹的線性迴歸、機器學習、深度學習只需用到寥寥幾個Excel函數，
上手很Easy！

☑ 本書貼心地規畫三章，讓沒學過Excel的人足以掌握本書需要使用於創建
AI模型的功能！

我想改用
google試算表！

google 試算表
~免費的雲端試算表~

章節	Google試算表和Excel的差異
Ch1	無
Ch2	●「設定格式化的條件」的規則細項設定 ● 各類型圖表的製作步驟及細部調整
Ch3	● Google試算表支援更強大的網頁擷取能力(爬蟲)： 　　例如：IMPORTDATA( )函數、IMPORTHTML( )函數 ● 各類型圖表的製作步驟及細部調整 ● Excel的長條圖在Google稱為「直方圖」， 　　Google的直方圖提供更細緻的調整功能
Ch4	● 在散佈圖將不同數列以不同顏色繪製的方法
Ch5	無
Ch6	● 在散佈圖產生趨勢線的操作 ● Linest( )函數產生參數的操作
Ch7	無
Ch8	無
Ch9	● Google試算表不支援「規劃求解」，需加裝擴充程式來達成， 　　例如OpenSolver(網址：https://opensolver.org/opensolver-for-google-sheets/)

嘛吔通~

下載本書範例 Excel 檔

讀者可以從底下的網址下載本書的範例 Excel 檔來使用：

http://www.flag.com.tw/DL.asp?F2305

目錄

第1章　浪漫的資料科學

第4章　資料科學的探索性分析

第5章　資料科學 Level UP！認識機器學習演算法

第 6 章　機器學習實戰（一）：
線性迴歸分析做趨勢預測

第7章 機器學習實戰（二）：KNN 做分類

第8章 機器學習實戰（三）：K-means 做分群

第9章 深度學習實戰：MLP 做分類

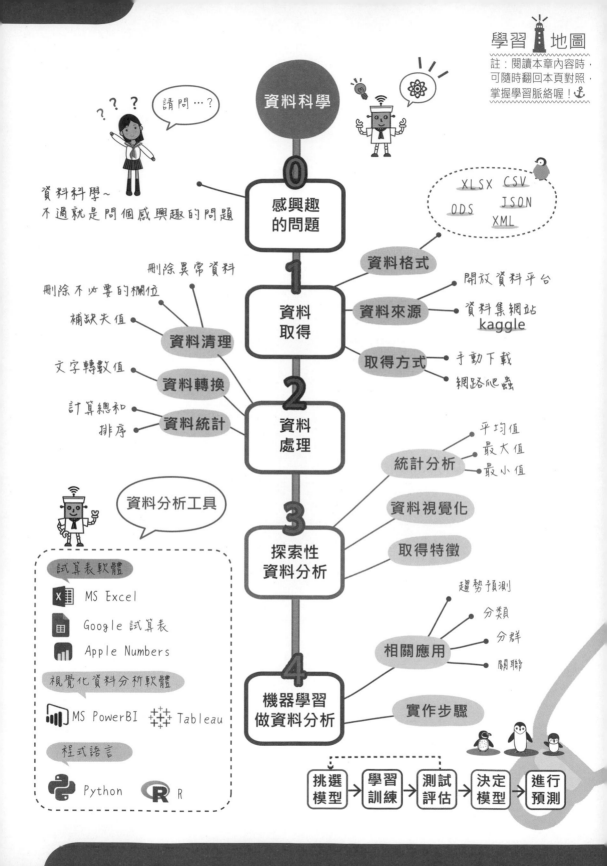

第1章

浪漫的資料科學

資料科學是一種以理性的數據分析，對充滿情感性的數據進行探索與決策的藝術，資料科學家也被評為 21 世紀最性感的職業 [註1]。

註1　出自《哈佛商業評論》(Harvard Business Review)，2012 年，帕蒂爾 (DJ Patil) 與達文波特 (Thomas Davenport) 撰寫的一篇文章中稱資料科學家是 21 世紀最性感的工作 (Data Scientist: The Sexiest Job of the 21st Century)，https://hbr.org/2012/10/data-scientist-the-sexiest-job-of-the-21st-century。

1-1 資料科學的概念

2015 年，美國國家標準技術研究所 (NIST) 將資料科學 (Data Science) 列為第四個科學典範，即：理論科學、實驗科學、計算科學與資料科學。舉凡跟資料 (Data，又稱數據) 有關的科學就是資料科學，包含資料取得、資料處理到資料分析的過程。

資料經過處理後稱為資訊 (Information)，最後從這些資訊中分析出來的訊息，就稱為知識 (Knowledge)，再經過不斷的付諸行動及驗證，逐漸形成智慧 (Wisdom)。大數據 (Big Data) 風起雲湧後，資料科學這門學問就顯得更加重要了。

▲ 資料科學的概念

由於時代趨勢不斷演變，舊的職業可能消失，但是新的工作會產生。自從大數據 (Big Data) 橫空出世，資料科學蔚為流行，衍生出如下的相關職業。

▼ 資料科學領域的職業

職業	工作內容
資料科學家	具備統計學、數學等專業，將大量資訊運用電腦運算能力及演算法，轉換成具有商業價值的資訊，具備良好的溝通力，能分析並解釋分析結果，做為決策之有利依據。
資料管理師	針對「進」與「出」的資料進行管理，具備資料備援的專業技能，確保資訊的安全。
資料工程師	以資料結構、資料分析、資料模型等技術，建構大數據的資料平台架構。
資料視覺化分析師	將大量資料經過演算、建立預測模型，再透過視覺化工具，進行視覺化的轉換，提高資料的易讀性。
資料分析師	能分析大數據中的各種不同類型資料，從中洞察客戶行為、預測市場趨勢，進而擬定因應策略。

　　有人說：「人工智慧並不神秘，不過就是問個好問題」，資料科學也是如此。從想到感興趣的問題開始，透過如下圖的資料科學步驟，先「取得」資料，再對資料進行「處理」、「探索」及「分析」，進而取得問題的「可能答案」。

▲ 資料科學的步驟（後續各節一一簡述）

1-2　資料取得

　　資料通常以表格的方式呈現，若我們想知道「誰才是年度滾球大王」，就需要備妥滾球大賽的成績資料。如下表的滾球大賽分數表內有編號、姓名、性別、3 次比賽分數等資料。橫向為列 (Row)，直向為行 (Column)，每列儲存一筆資料，稱為記錄 (Record)；每行儲存資料的一種屬性 (Attribute)，稱為欄位 (Field)。

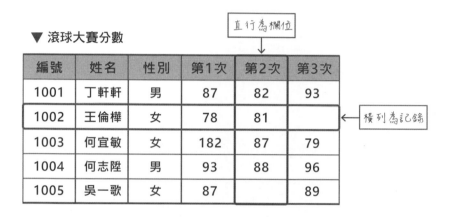

▼ 滾球大賽分數

編號	姓名	性別	第1次	第2次	第3次
1001	丁軒軒	男	87	82	93
1002	王倫樺	女	78	81	
1003	何宜敏	女	182	87	79
1004	何志陞	男	93	88	96
1005	吳一歌	女	87		89

直行為欄位　橫列為記錄

　　針對這樣的資料，平常我們會使用如 Microsoft Excel (或 Google 試算表等軟體) 來處理，存成常見的 .xlsx 或 .ods 等格式。

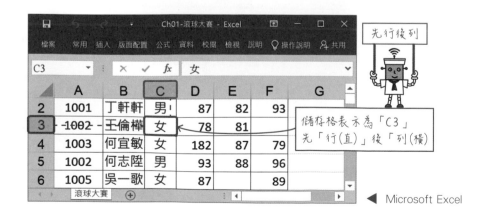

◀ Microsoft Excel

而在資料科學界常用的則是 CSV (Comma-Separated Value，逗號分隔值) 或 JSON (JavaScript Object Notation，JavaScript 物件表示法) 格式[註2]的檔案，CSV 適用於資料項固定、可直接以表格來儲存的資料，JSON 則適用在項目較不固定、不適合用表格呈現的資料，另一個特點是具有階層式結構。

CSV 格式中，每個欄位之間以逗號隔開，每筆資料之間則以換行來分隔。CSV 檔案以記事本開啟後會如下圖所示。

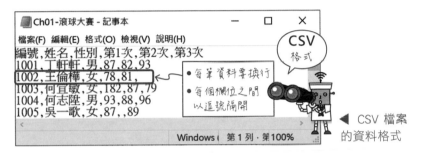

▲ CSV 檔案的資料格式

JSON 的儲存格式為「{ 屬性 : 值 }」，每組資料以大括號包起來，字串需加上雙引號「" "」標註，數字則不用。JSON 檔案以記事本開啟[註3]後會如下圖所示。

▲ JSON 檔案的資料格式

註2　CSV 及 JSON 屬於純文字檔，檔案的大小遠小於 xlsx 及 ods。

註3　使用記事本開啟 JSON 檔案時，最好先打開記事本，再以『檔案／開啟舊檔』的方式來開啟，以免產生亂碼而無法正常顯示。

　　除了自己建立資料外，有越來越多的資料集以 CSV、JSON、HTML、XML 等格式被公佈在網路上。接下來，我們就來看看有什麼方式可以取得大量或現成的資料。

 ## 1-2-1　開放資料和資料集網站

　　開放資料 (Open Data) 是一種可以開放和允許任何人自由存取、使用、修改以及分享的資料。在開放資料這個領域，政府機關無論是資料收集所涵蓋的領域、數量以及品質都扮演了舉足輕重的角色，如下圖就是在「政府資料開放平臺[註3]」中搜尋「PM2.5」的結果。

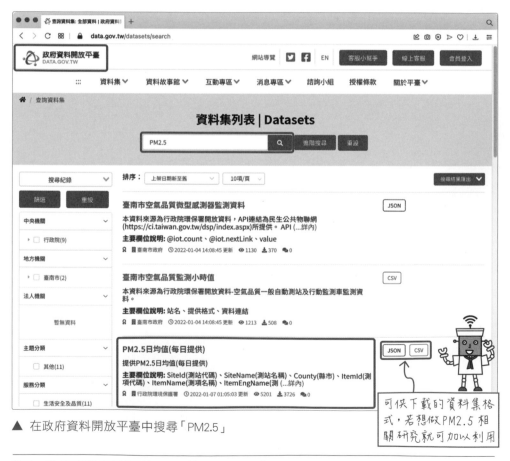

▲ 在政府資料開放平臺中搜尋「PM2.5」

註3　政府資料開放平臺 https://data.gov.tw/。

除了各國政府的開放資料平台之外，網路上也有許多網站資源可以利用。例如：常見的資料集網站「kaggle」是坊間頗受歡迎的資料科學競賽平台，即使無意參賽，kaggle 網站上的各種資料集[註4]仍然很值得參考，可以多觀摩這些資料集的樣貌。

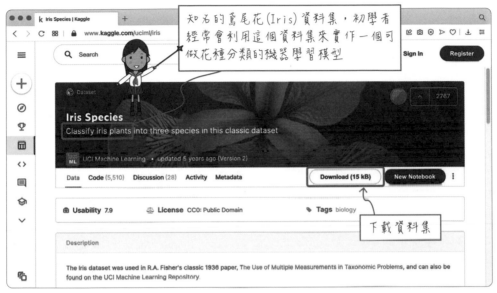

▲ 資料集網站「kaggle」中的 Iris 資料集 (Iris.csv)

加廣知識　什麼是玩具型資料集 (Toy dataset)？

學習資料科學及機器學習的第一步是針對問題搜集資料，不過自己搜集是件很麻煩的事，網路上免費提供了一些方便入門者直接拿來使用的資料集 (dataset)，這樣小而美的資料集稱為玩具資料集 (Toy dataset)，例如：Iris（鳶尾花）、Titanic（鐵達尼船難）都是實作機器學習常用的資料集。

註4　kaggle 網站上各種資料集 https://www.kaggle.com/datasets?sortBy=votes&group=featured。

1-2-2　手動下載資料檔

　　想要取得開放資料平台所提供的資料，通常可以透過「手動下載」自行找到並下載相關的檔案，或者是利用「網路爬蟲 註5」的方式自動擷取我們想要的資料。

　　手動下載網站提供的檔案方法很簡單，例如：想要從行政院環保署的「環境資料開放平台 註6」手動下載每日的「PM2.5 日均值 註7」資料，只要找到檔案所在的網頁，再依該網頁規定的方式即可下載。

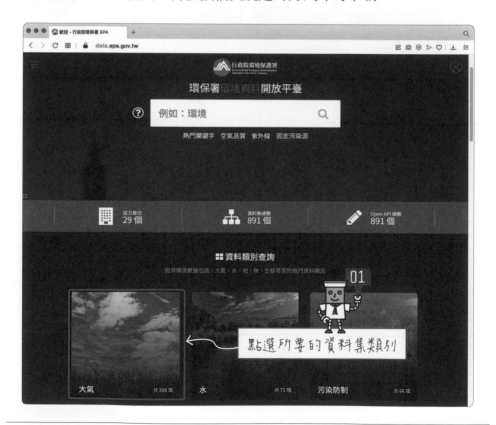

註5　參閱第 3 章。

註6　環境資料開放平台 https://data.epa.gov.tw/。

註7　PM2.5 日均值 https://data.epa.gov.tw/dataset/aqx_p_322/resource/a19ad783-
　　　970a-49d3-b9f4-548ec07f5e67。

1

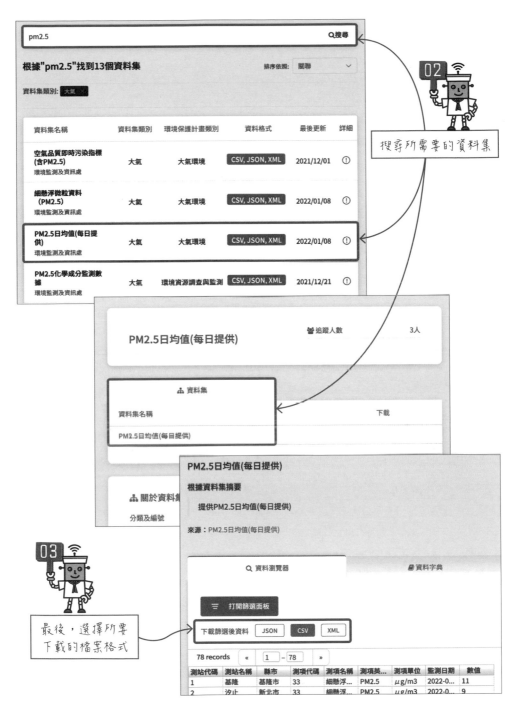

▲　環境資源資料開放平台中的「PM2.5 日均值」資料

1-3　資料處理

在取得資料之後，需要對原始資料進行檢視及相關的處理，才能對資料做進一步的分析，常見資料處理 (Data Processing) 的項目如下：

● 資料清理：刪除不必要或重複的記錄、刪除異常資料及補缺失值等。

● 資料轉換：將分類的資料轉為數值。例如：「男 / 女」轉換為「0/1」，「甲、乙、丙」等級轉換為「1、2、3」等。

● 資料統計：進行運算產生新的數據。例如：計算總和、平均、最大或最小值、排序等。

1-3-1 資料清理

資料清理 (Data Cleaning) 就是去除不需要的資料，或是補上殘缺的資料。常見的清理動作有刪除異常資料、刪除不必要的欄位及補值等。

刪除異常資料

舉個例子，這裡以 Excel 開啟滾球大賽的統計數據，滾球大賽每次滿分為「100」分，從下圖的散佈圖中發現有 2 筆異常的分數，應該要將之更正或刪除，以免日後統計分數時產生錯誤的結果。

▲ 資料清理：刪除異常資料

刪除不必要的欄位

在下圖的滾球大賽統計數據中，如果想製作第 1 次比賽分數的英雄排行榜，分析時用不到的「性別」、「第 2 次」、「第 3 次」等欄位便可將之刪除。

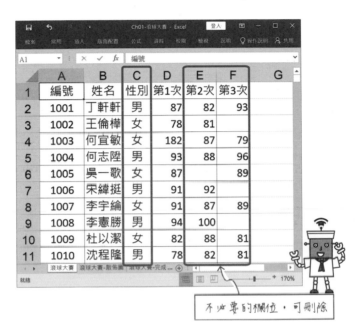

▲ 資料清理：依需求刪除不必要的欄位

補值

若資料表中有缺少資料的部份，可進行補值的動作以減少統計結果出現太大的誤差。例如在下圖滾球大賽分數表中有部分參賽者沒有當次的比賽分數，應該進行補值；如果無法補值，則可以考慮刪除這筆記錄或用平均數（或眾數[註8]）來取代。

註8　眾數是指一群數字中出現次數最多的那個數字。

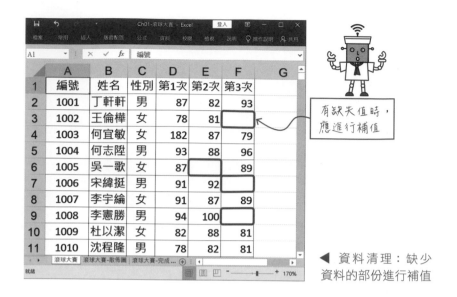

▲ 資料清理：缺少
資料的部份進行補值

1-3-2　資料統計

如果要探索「誰才是年度滾球大王」，絕對少不了需要知道總分、排名等資訊。因此，在資料處理階段就要統計出如下圖的這些數據。有了這些資訊就可以知道整體而言，誰的球技最為高超。

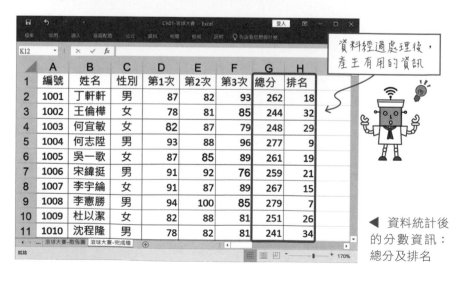

▲ 資料統計後
的分數資訊：
總分及排名

1-4 資料分析

資料分析 (Data Analysis) 是資料科學領域中最核心的工作，它不僅能幫助我們擬定適當的決策 (例如：當咖啡銷售量成長趨緩時，再加碼推出與特定甜點合購時有折扣)，另外，還可以協助我們發現問題 (例如：某商品銷售量因為標價錯誤形成搶購而爆增，它的營業額卻反而減少)。

以下將資料分析細分成探索性資料分析 (Exploratory Data Analysis, EDA)，以及近年流行的機器學習 (Machine Learning) 二個部份來說明。

1-4-1 探索性資料分析

探索性資料分析 [註9] 主要的精神是運用如：統計分析、資料視覺化等工具，反覆探索資料的特性，獲取資料所包含的資訊、結構，從其中取得重要的「特徵 (Feature)」。值得注意的是，這個找出重要特徵的動作對於下一步的機器學習具有非常關鍵性的影響，例如企鵝的「身長」與「重量」對企鵝品種的辨別是兩個重要的特徵。

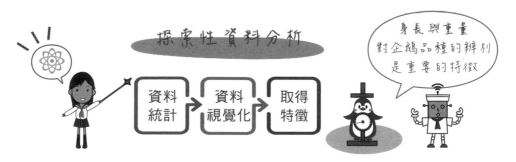

▲ 探索式資料分析主要工作

註9　有關探索性資料分析與資料視覺化，請參閱第 4 章。

1-4-2　機器學習

　　機器學習 [註10] 是實現人工智慧 (Artificial Intelligence, AI) 的方法之一，主要是運用演算法自我學習，自動改進電腦演算法的效能（如準確度），讓本身能更加進步。藉由機器學習的方法，我們希望從既有資料中找出隱藏的規則性和關聯，也就是建立出模型 (Model)。

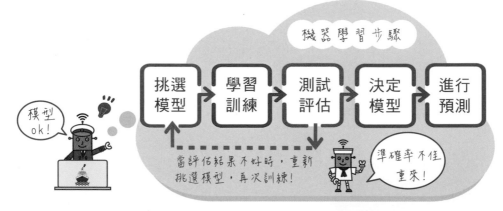

▲ 機器學習的主要工作

　　舉例來說，我們可以把模型想像成是 $y = f(x)$，這個方程式也許會很複雜，但是只要代入 x，就能得到 y。例如：輸入貓 (x) 的照片，訓練過的模型 $f(x)$ 會輸出（判斷出）這是「貓」(y) 的答案。

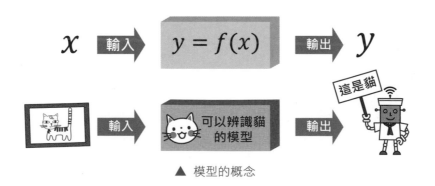

▲ 模型的概念

註10　請參閱第 5 章。

1

　　利用訓練出來的模型找出或發掘資料之間存在的趨勢（例如：氣溫越高，冰紅茶的銷售量會不會提高？）後，藉由提出具體的假設（例如：氣溫越高，冰紅茶的銷售量就會提高），進而擬定相關的策略（例如：提早預知備料的數量），以探知最終可能的結果。

機器學習的應用

　　除了進行趨勢預測 (Prediction) 之外，機器學習也經常應用在分類 (Classification)、分群 (Clustering) 和關聯 (Association) 等方面。

機 器 學 習 的 應 用

趨勢預測 ▶ 經由觀察現有的資料，預測未來可能的狀況。

 例

隨著天氣溫度的變化，冷熱飲的銷售量會不會有所增減呢？

分類 ▶ 將搜集到的資料先人工分類好，接著將定義好的分類以及觀察資料的「特徵」給予電腦，選定模型並訓練好後，模型就可進行物體辨識。

 這一類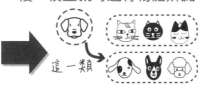

例

將資料分成貓跟狗兩類，當有未知的資料加入時，可以自動將它分配到貓或狗其中一個類列。

 針對搜集到的資料，我們不事先定義資料各屬於哪一群，讓模型根據特徵進行分群。分群的目標就是在找出不同群資料之間的關係。

例

模型將蒐集到的一些樹葉分為三群，雖然不知道是哪些樹的葉子，但是模型會自動把特徵相似的樹葉放在同一群。

 關聯 ➤ 找出資料之間隱藏的關聯性。

例

模型分析出買咖啡豆或咖啡粉的同時很有可能會同時購買牛奶，可以應用在銷售時的推薦系統上。

▲ 機器學習的應用

從學術研究到商業應用 註11，機器學習已經被廣泛應用在如人工智慧、大數據分析等領域。正如三十年前，資料處理是當時值得學習的基本能力，如今，資料分析 (或機器學習) 更是現在及未來不可或缺的技能。

各種資料分析工具

不論是藉由試算表軟體 (如 MS Excel、Google 試算表、Apple Numbers 等) 或視覺化資料分析軟體 (如 MS Power BI、Tableau 等) 所提供的分析工具，或者是使用 Python 或 R 語言來設計程式，都可以讓我們自由的發揮，徜徉在資料科學的海洋之中。

註11 在大學校園中，各學系都可能會需要機器學習來從事資料科學，例如：心理學系做情感分析、物理學系做數據模擬分析、財務金融學系做財務分析與預測等。

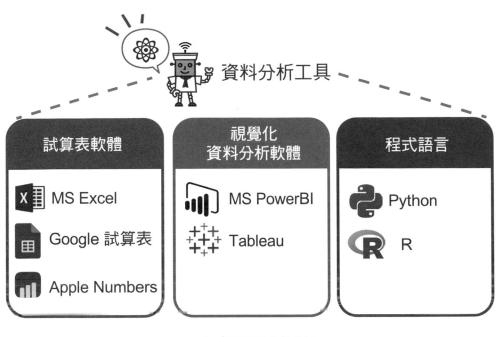

▲ 各種資料分析工具

機器學習的體驗：到 Teachable Machine 網站用機器學習做圖片識別

　　Google 提供的「Teachable Machine」標榜著「不用寫程式碼，也能做出簡單的機器學習專案」，以手機、電腦 WebCam 等裝置的鏡頭蒐集資料 (照片)，或者是直接提供現有圖片，利用瀏覽器就可以進行機器學習、開發專案，體驗機器學習的奧妙。

　　首先，前往 Teachable Machine 網站 (https://teachablemachine. withgoogle.com)，按 Get Started 後，可以看到影像 (Image Project)、語音 (Audio Project) 及姿勢 (Pose Project) 等三個專案。

Image Project

Teach based on images, from files or your webcam.

Audio Project

Teach based on one-second-long sounds, from files or your microphone.

Pose Project

Teach based on images, from files or your webcam.

　　選擇最左側的影像專案 (Image Project)，再參考下圖中的四個步驟完成人臉辨識的機器學習。最後，你也可以輸入一張自己的照片，看看自己最像哪位明星？從上面實作，我們不難體會到機器學習的潛力與魅力。

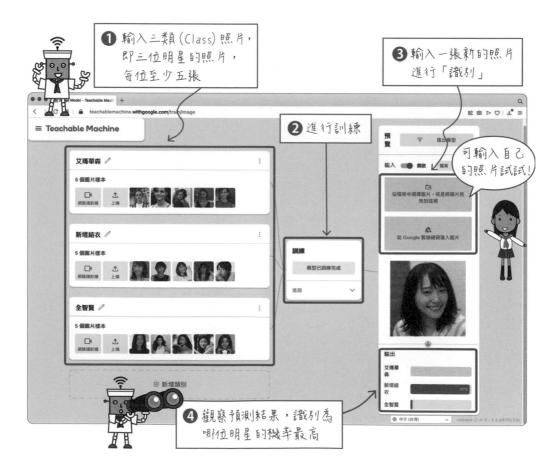

memo

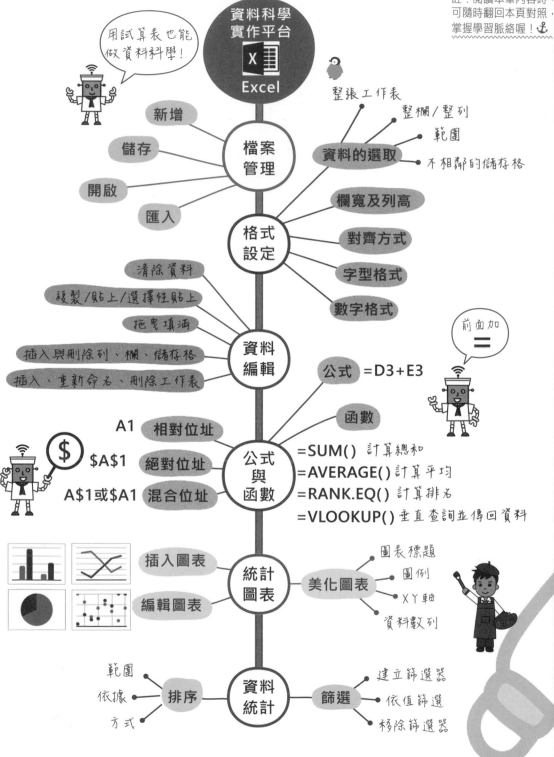

第2章

資料科學實作平台：
試算表就 Go

在這個資訊科技蓬勃發展的時代中，要如何才能在大數據 (Big Data) 和人工智慧 (AI) 等紅透半邊天的領域中，佔有屬於自己的一席之地呢？就讓我們以 Microsoft Excel 為基礎，開始向目標啟航邁進吧！

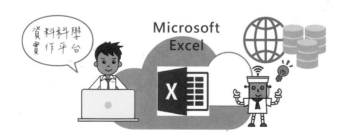

2-1 Microsoft Excel 環境介紹與基本操作

Microsoft Excel 是 Microsoft Office 中的電子試算表軟體[註1]，適用於處理數據資料、繪製統計圖表以及資料分析等。

2-1-1 Excel 工作環境介紹

開啟 Excel 試算表（又稱活頁簿）後會出現如下圖的操作視窗，各部分的名稱及其功能說明如下。

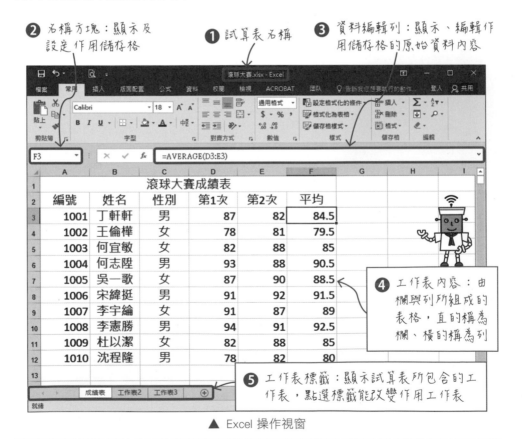

▲ Excel 操作視窗

註1　本書採用 Microsoft Excel 進行實作，也可以使用如：Google 試算表、Microsoft 365 等雲端試算表來完成。

2-1-2　Excel 試算表管理

試算表（活頁簿）是指儲存 Excel 資料的檔案，利用新增一個試算表來建立資料，或是開啟（匯入）已經建立好的試算表進行內容修改。

實作　試算表管理 — 新增、儲存、開啟和匯入

01　新增：直接開啟 Excel 試算表軟體，或是在已開啟的試算表中選取『檔案／新增』都可以用來新增試算表，預設會包含 1 張空白的工作表。

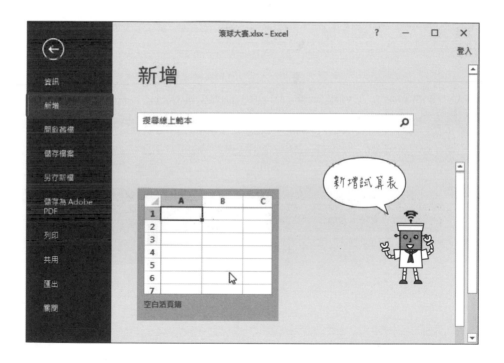

02　儲存：在工作表中輸入如下的資料，完成後，選取『檔案／儲存檔案』，將試算表儲存為「Ch02- 滾球大賽基本資料」。

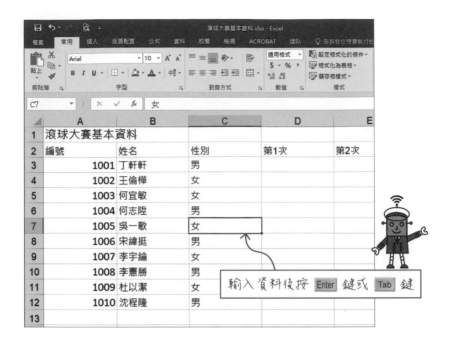

03 開啟或匯入：選取『檔案／開啟舊檔』可以開啟已存在的試算表，
如果是使用『資料／取得外部資料』的方式則可以選擇將不同格式
(如 CSV 檔) 的內容新增至同一個試算表中。

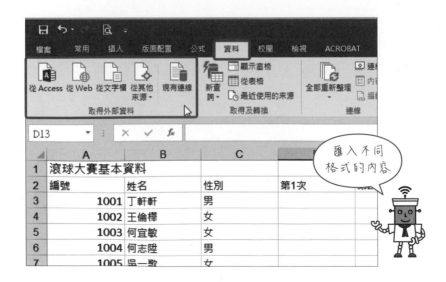

2-2 資料格式設定與編輯

學習工作表基本的編輯技巧與運用，並且能將其美化以增進可讀性，這是熟悉工作表操作相當重要的一步。

2-2-1 資料格式設定

輸入工作表內容之後，簡單沒有變化的外觀很難吸引別人的注意力。接下來就是要學習在工作表中選取資料，以及如何設定資料的格式。

X Excel 實作 資料格式設定

01 資料的選取：開啟「Ch02-滾球大賽」，使用如下的方法可以選取儲存格、範圍、欄、列和整張工作表。

▼ **資料選取操作方式**

範圍	操作方式
❶ 整張工作表	按工作表左上方的「工作表全選」▨ 鈕
❷ 單一儲存格	以滑鼠直接點選
❸ 不相鄰儲存格	按住 Ctrl 鍵不放，再選取儲存格
❹ 相鄰儲存格（範圍）	直接以滑鼠拖曳選取
❺ 整列	按列標題
❻ 整欄	按欄標題
❼ 取消選取	在任一儲存格上按滑鼠左鍵

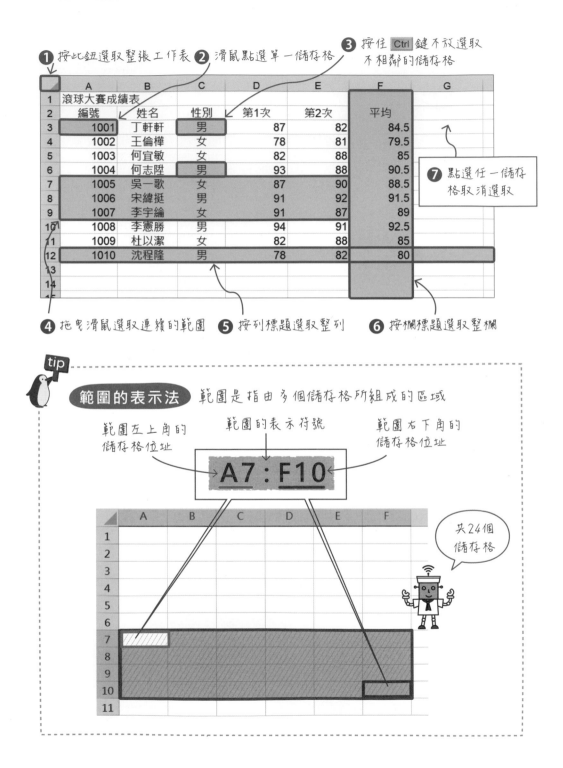

02 欄寬及列高：使用滑鼠拖曳欄或列之間的格線，可以用來調整欄寬和列高。

拖曳格線

	A	B	C	D	E	F	G
1	滾球大賽成績表						
2	編號	姓名		第1次	第2次	平均	
3	1001	丁軒軒		87	82	84.5	
4	1002	王倫樺		78	81	79.5	
5	1003	何宜敏	女	82	88	85	
6	1004	何志陞	男	93	88	90.5	
7	1005	吳一歌	女	87	90	88.5	
8	1006	宋緯挺	男	91	92	91.5	
9	1007	李宇綸	女	91	87	89	
10	1008	李憲勝	男	94	91	92.5	
11	1009	杜以潔	女	82	88	85	
12	1010	沈程隆	男	78	82	80	

03 對齊方式：選取資料後，在『常用／對齊方式』中按工具鈕可以設定資料「靠左」、「置中」或「靠右」水平對齊。選取範圍「A1:F1」後再按　跨欄置中　鈕則會將資料放在所選取範圍的中間。

04 字型格式：『常用／字型』工具列中提供多種的格式按鈕，可用來設定不同的字型格式，讓工作表有不一樣的風貌。

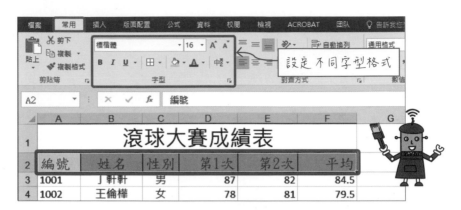

05 數字格式：選取範圍「F3:F12」後按「增加小數位數」 鈕，可將所選取的數字資料都改成顯示小數 2 位。

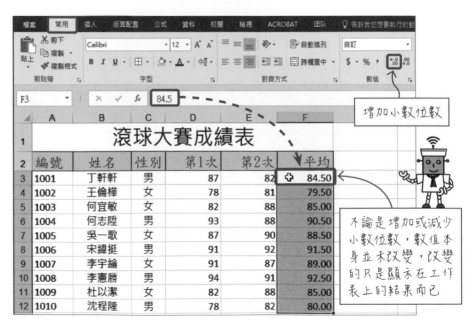

不論是增加或減少小數位數，數值本身並未改變，改變的只是顯示在工作表上的結果而已

tip

EXCEL 會依據使用者輸入的型態自動給予適合的數字格式，如數值、貨幣、百分比等，合適的格式能顯現出該數字資料所擁有的特性。

06 設定格式化的條件：選取範圍「F3:F12」後再按『常用／樣式／設定格式化的條件 ／新增規則』，設定格式規則為「大於或等於」、「90」，格式設定樣式自訂為文字「紅色」，結果顯示如下圖。

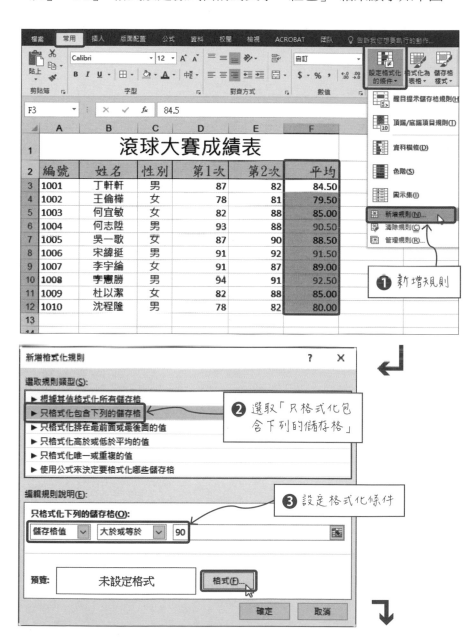

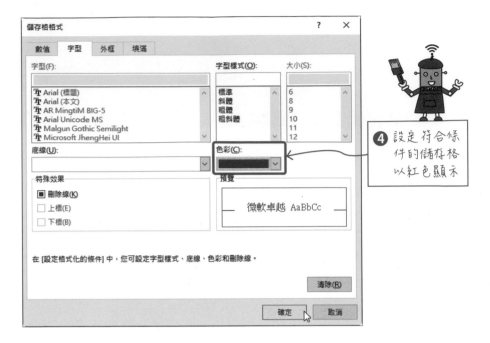

④ 設定符合條件的儲存格以紅色顯示

tip

在儲存格或範圍中使用『設定格式化的條件』，可以自動讓所有符合特定規則(條件)的項目套用使用者指定的格式。

 ## 2-2-2　資料編輯

　　面對眾多的資料，若能善用複製、貼上、拖曳填滿等資料編輯技巧，就可以正確而且有效率地將資料輸入到工作表中。

X圖實作　資料編輯

01 清除資料：選取範圍「A3:A12」後，按 Delete 鍵可以清除儲存格中的內容。

02 拖曳填滿：在儲存格「A3」、「A4」中分別輸入「1」、「2」，完成後選取範圍「A3:A4」，將滑鼠移至範圍「A3:A4」右下角的拖曳填滿控點 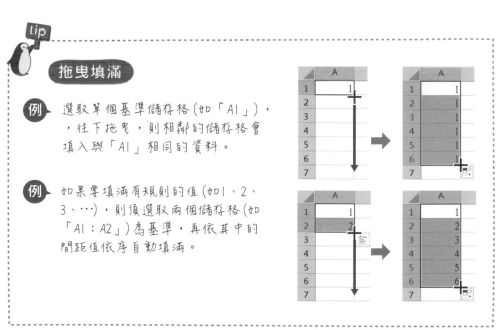，拖曳滑鼠到「A12」，放開滑鼠左鍵後「A5」到「A12」中的值會變成「3、4、......、10」。

	A	B	C	D
1		滾球大賽成績		
2	編號	姓名	性別	第1次
3	1	丁軒軒	男	87
4	2	王倫樺	女	78
5		何宜敏	女	82
6		何志陞	男	93
7		吳一歌	女	87
8		宋緯挺	男	91
9		李宇綸	女	91
10		李憲勝	男	94
11		杜以潔	女	82
12		沈程隆	男	78
13				
14				

	A	B	C	D
1		滾球大賽成績		
2	編號	姓名	性別	第1次
3	1	丁軒軒	男	87
4	2	王倫樺	女	78
5	3	何宜敏	女	82
6	4	何志陞	男	93
7	5	吳一歌	女	87
8	6	宋緯挺	男	91
9	7	李宇綸	女	91
10	8	李憲勝	男	94
11	9	杜以潔	女	82
12	10	沈程隆	男	78
13				
14				

一定要讓滑鼠的形狀變成＋（填滿控點）才可以正確操作！

Tip

拖曳填滿

例 選取單個基準儲存格(如「A1」)，往下拖曳，則相鄰的儲存格會填入與「A1」相同的資料。

例 如果要填滿有規則的值(如1、2、3、…)，則須選取兩個儲存格(如「A1：A2」)為基準，再依其中的間距值依序自動填滿。

03 插入或刪除列、欄、儲存格：在選取的列、欄、儲存格上按滑鼠右鍵，可以分別插入或刪除列、欄、儲存格。

04 新增、重新命名、刪除工作表：按工作表左下角的「新工作表」⊕ 鈕可以新增空白的工作表。在工作表標籤上按滑鼠右鍵，可以針對工作表進行插入、刪除、重新命名、移動或複製等操作。

2-3 公式與函數的應用

快速且正確的計算是電子試算表必須具備的主要功能，在工作表中輸入資料、公式或函數後，計算的結果會立刻顯現。

 ## 2-3-1 公式與函數

使用者可以輸入自行設計的公式或是由試算表提供的內建函數，運算的結果會立刻顯現在工作表中。輸入公式或函數時需以等號「＝」為開頭，並且要遵循正確的語法才能正確使用。

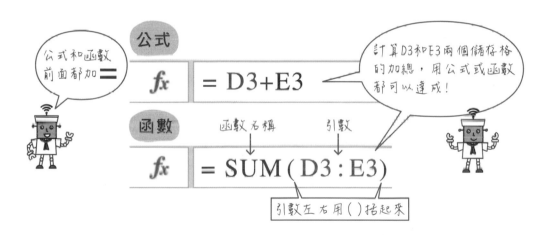

公式和函數前面都加＝

公式

fx ＝ D3+E3

函數 函數名稱 引數

fx ＝ SUM (D3 : E3)

引數左右用( )括起來

計算D3和E3兩個儲存格的加總，用公式或函數都可以達成！

實作 輸入公式及函數

01 公式：開啟「Ch02-滾球大賽」，在「G2」輸入「總分」後，選取「G3」輸入公式「=D3+E3」的運算式。完成後按 Enter 鍵，計算結果會立即顯示在儲存格中。

資料編輯列顯示的是公式

| G3 | ▼ | ⋮ | × | ✓ | fx | =D3+E3 | | |

▲	A	B	C	D	E	F	G
1			滾球大賽成績表				
2	編號	姓名	性別	第1次	第2次	平均	總分
3	1	丁軒軒	男	87	82	84.50	169
4	2	王倫樺	女	78	81	79.50	
5	3	何宜敏	女	82	88	85.00	
6	4	何志陞	男	93	88		
7	5	吳一歌	女	87	90		
8	6	宋緯挺	男	91	92		
9	7	李宇綸	女	91	87	89.00	
10	8	李憲勝	男	94	91	92.50	
11	9	杜以潔	女	82	88	85.00	
12	10	沈程隆	男	78	82	80.00	
13							

儲存格顯示的是公式
計算後所得到的值

02 函數：選取「G4」輸入加總函數「=SUM(D4:E4)」，計算「D4」和「E4」二個儲存格的總和。

| G4 | ▼ | ⋮ | × | ✓ | fx | =SUM(D4:E4) | | |

▲	A	B	C	D	E	F	G
1			滾球大賽成績表				
2	編號	姓名	性別	第1次	第2次	平均	總分
3	1	丁軒軒	男	87	82	84.50	169
4	2	王倫樺	女	78	81	79.50	159
5	3	何宜敏	女	82	88	85.00	
6	4	何志陞	男	93	88	90.50	
7	5	吳一歌	女	87	90	88.50	
8	6	宋緯挺	男	91	92	91.50	
9	7	李宇綸	女	91	87	89.00	
10	8	李憲勝	男	94	91	92.50	
11	9	杜以潔	女	82	88	85.00	
12	10	沈程隆	男	78	82	80.00	
13							

SUM() 函數

加廣
知識

除了自行輸入完整的函數之外，也可以從『常用／編輯／加總 Σ▼』下拉清單中選取所需要的函數。

03 計算排名：新增「名次」(H 欄)，選取「H3」輸入排名函數「=RANK.EQ(F3,$F$3:$F$12)」，依「平均」由高到低計算「丁軒軒」在所有參賽者中的名次。

儲存格位址中有"$"表示絕對參照，請見 2-18 頁

「F3」(84.50) 在範圍「F3:F12」中由大到小的排名為 8

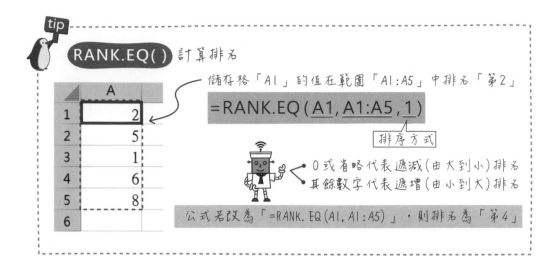

04 轉換資料型別：新增「性別代碼」(I 欄)，在範圍「J1:K3」中先建立如下的對應表。選取「I3」輸入垂直查詢函數「=VLOOKUP(C3,$J$2:$K$3,2,FALSE)」，將性別的「男」轉換成數值「0」、「女」→「1」。

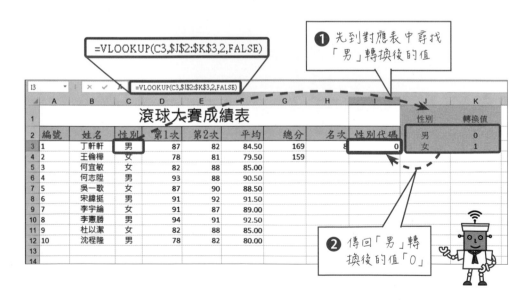

tip

VLOOKUP( ) 垂直查詢並傳回資料

於範圍「J2:K3」中尋找「C3」值，並傳回「第2欄」的資料

例 =VLOOKUP(C3 , J2:K3 , 2 , False)

❶ False：第1欄的資料不需先排序，只會尋找完全符合的值。

❷ True或省略：第1欄的資料需先遞增排序，會尋找完全符合或小於等於的值。

---

05 拖曳填滿複製公式／函數：選取「G3:I3」後拖曳填滿至「G12:I12」，將「G3:I3」中的公式和函數直接複製到「G12:I12」內。

	A	B	C	D	E	F	G	H	I
1				滾球大賽成績表					
2	編號	姓名	性別	第1次	第2次	平均	總分	名次	性別代碼
3	1	丁軒軒	男	87	82	84.50	169	8	0
4	2	王倫樺	女	78	81	79.50	159	10	1
5	3	何宜敏	女	82	88	85.00	170	6	1
6	4	何志陞	男	93	88	90.50	181	3	0
7	5	吳一歌	女	87	90	88.50	177	5	1
8	6	宋繻挺	男	91	92	91.50	183	2	0
9	7	李宇綸	女	91	87	89.00	178	4	1
10	8	李憲勝	男	94	91	92.50	185	1	0
11	9	杜以潔	女	82	88	85.00	170	6	1
12	10	沈程隆	男	78	82	80.00	160	9	0
13									
14									
15									

拖曳填滿控點可以快速地將選取內容直接複製到拖曳的範圍中

加廣知識　相對、絕對及混合參照位址

在公式或函數中可能運用到的儲存格位址有如下表中的三種類型：

▼ 儲存格位址類型

位址類型	相對參照	絕對參照	混合參照
表示方法	A1	$A$1	A$1 或 $A1
特色	隨著公式的位置而改變	以 "$" 為開頭，永遠指向同一個儲存格	由相對與絕對位址混合

公式或函數中所使用到的儲存格位址或範圍可能會因為複製到不同的位置而改變，甚至會導致錯誤的運算結果，因此使用時就需要特別的注意。

---

06 調整工作表相關的設定及格式，完成結果如下圖。

	A	B	C	D	E	F	G	H	I	J	K
1				滾球大賽成績表						性別	轉換值
2	編號	姓名	性別	第1次	第2次	平均	總分	名次	性別代碼	男	0
3	1	丁軒軒	男	87	82	84.50	169	8	0	女	1
4	2	王倫樺	女	78	81	79.50	159	10	1		
5	3	何宜敏	女	82	88	85.00	170	6	1		
6	4	何志陞	男	93	88	90.50	181	3	0		
7	5	吳一歌	女	87	90	88.50	177	5	1		
8	6	宋緯挺	男	91	92	91.50	183	2	0		
9	7	李宇綸	女	91	87	89.00	178	4	1		
10	8	李憲勝	男	94	91	92.50	185	1	0		
11	9	杜以潔	女	82	88	85.00	170	6	1		
12	10	沈程隆	男	78	82	80.00	160	9	0		
13											
14											

2-4 統計圖表

統計圖表是試算表中一個很實用的功能，除了美化報表之外，還可以讓資料一目了然，所謂的「數字會說話」，用統計圖表來代替數字會更清楚、明瞭。

 ## 2-4-1 圖表基本操作

Excel 提供多種類型的圖表，例如：直條圖、圓形圖、散佈圖等，針對不同場合可以選擇適當的圖表來呈現，只要簡單的步驟就能快速製作完成。

製作簡易圖表

01 插入圖表：開啟「Ch02- 年度銷售金額」，選取範圍「A1:E5」，在『插入／圖表』中可以依需要將選取的資料繪製成不同的統計圖表，如：平面直條圖。

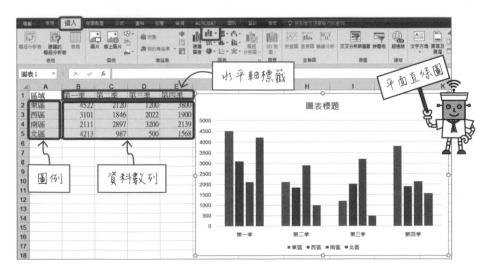

tip

製作圖表時需先選取所要繪製的資料範圍，此例中的「A1：E5」是製作圖表的資料範圍，包括三個部分：

① 「A2：A5」是圖例　② 「B1：E1」是水平軸標籤　③ 「B2：E5」為資料數列

02 更改圖表類型：在圖表上按滑鼠右鍵，選取『變更圖表類型』，在「變更圖表類型」對話方塊中可以選擇將圖表改成不同的類型（如：折線圖）。

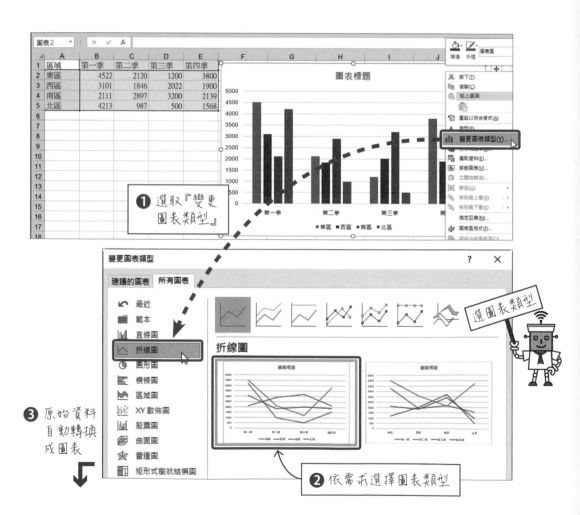

❶ 選取『變更圖表類型』

❷ 依需求選擇圖表類型

❸ 原始資料自動轉換成圖表

選圖表類型

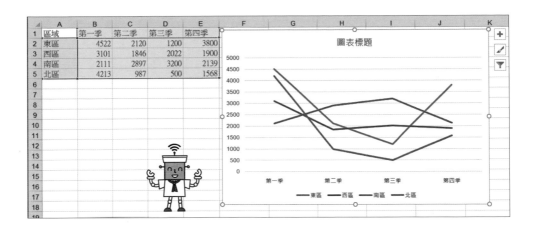

03 更改圖表大小及刪除圖表：選取圖表後，拖曳圖表四周的 8 個控制點用來改變圖表大小，按 `Delete` 鍵可將圖表刪除。

2-4-2　圖表美化

　　一張圖表是由好幾個元件所組合而成，每個部分都可以單獨予以美化，讓圖表能有更多的變化。

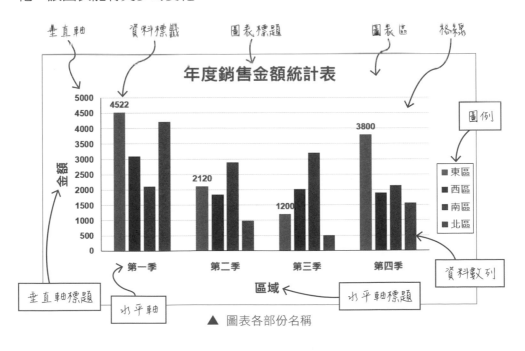

▲ 圖表各部份名稱

X圓 實作 圖表美化

01 圖表標題：先將折線圖更改成直條圖。選取「圖表標題」後做如下的設定，使用同樣的方法也可以更改水平軸及垂直軸標題的字型格式。

(1) 標題文字：「年度銷售金額統計表」。

(2) 標題格式：字型大小「24」、「粗體」、字型色彩「藍色」。

(3) 標題對齊：「置中對齊」。

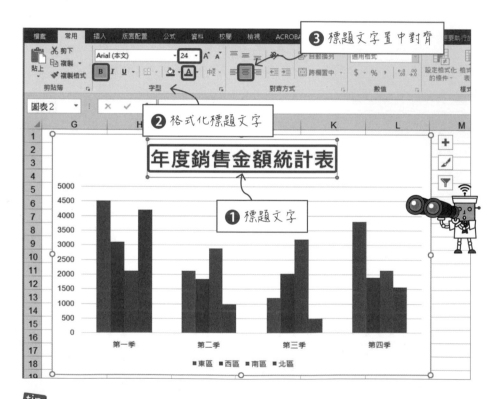

02 圖例：在「圖例」上快按滑鼠兩下，在右方「圖例格式／圖例選項 」中可以更改圖例在圖表中的位置。

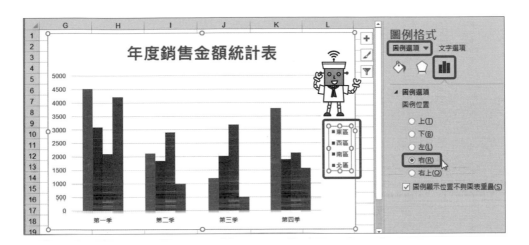

03 垂直軸：在「垂直軸」上快按滑鼠兩下，在右方「座標軸格式／座標軸選項 」中可以依需求設定刻度的範圍。

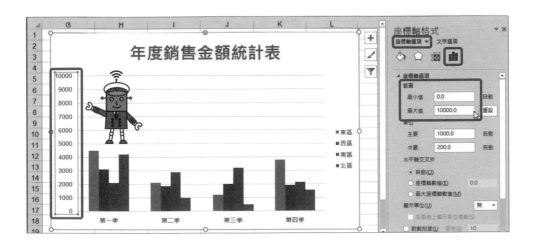

04 資料數列：在「東區」的資料數列上按滑鼠右鍵，選取『新增資料標籤』，可以更清楚看到資料數列的實際數值。

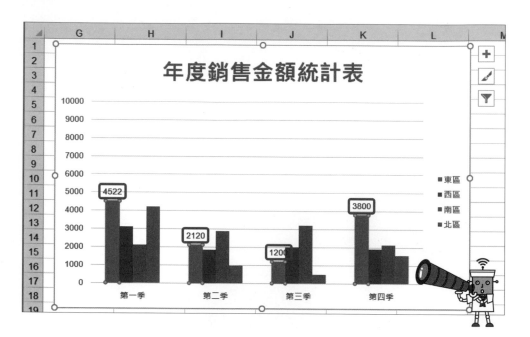

2-5　排序與篩選

除了用來計算數值資料之外，Excel 也提供了如：排序、篩選等資料處理的功能。

2-5-1　排序

「排序」的功能可將選取的資料依不同的需求而重新排列，排序時有以下三個要素需要特別注意：

(1) 範圍：選定要排序的資料範圍。

(2) 依據：決定哪一個欄位的值為排序鍵。

(3) 方式：有由小到大（遞增）和由大到小（遞減）的兩種規則。

X實作　排序

01 單鍵排序：開啟「Ch02- 滾球大賽總表」，若要依「總分」由高到低排序，則先選取該欄位中的任一個儲存格（如「G3」），再選取『資料／排序與篩選／從最大到最小排序 ↓ 』，可以將資料根據所設定的排序鍵和方式重新排列，排序後的結果如下圖。

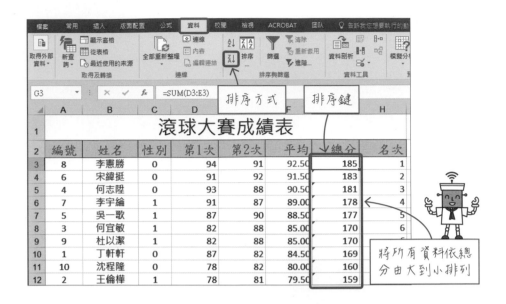

02 多鍵排序：選取排序的範圍「A2:H12」，再選取『資料／排序與篩選／自訂排序 $\boxed{\substack{Z \\ A}}$ 』，在「排序」對話方塊中勾選「我的資料有標題」，按 $\boxed{\substack{+}{Z_A} \text{新增層級(A)}}$，由「欄 (次要排序方式)」下拉清單選取「編號」，「順序 (排列方式)」設定為「最大到最小」，完成後資料會依照所設定的條件排序。

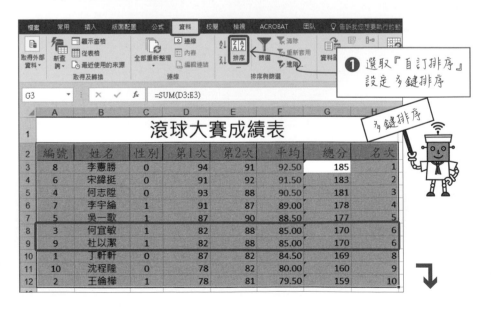

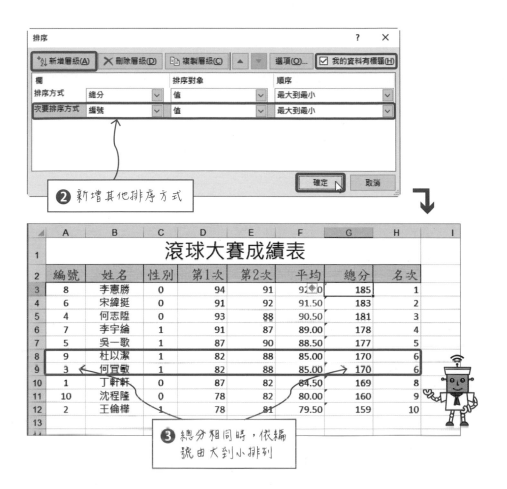

❷ 新增其他排序方式

❸ 總分相同時，依編號由大到小排列

tip 在「排序」的對話方塊中，勾選「我的資料有標題」時，會把資料範圍的第一列視為欄位名稱而不會將此列連同資料一起排序。

　　直接按「由最小到最大排序」 ↑↓ 鈕或「由最大到最小排序」 ↓↑ 鈕，可以依據游標所在的欄位快速完成排序的動作。如果要設定一個以上的排序鍵時，Excel 會先依主要鍵 （如：總分） 來排序，只有當主要鍵相同時，才會再依照次要鍵 （如：編號） 的設定排序。

2-5-2　篩選

從多筆資料中依條件和值等不同方式設定篩選條件，在工作表上只顯示符合條件的資料，不符合的資料會被隱藏，此即為「篩選」。

實作 篩選

01 建立篩選器：先點選資料中的任一個儲存格（如：「C3」），再選取『資料／排序與篩選／篩選 ▼ 』，啟動篩選功能之後，在範圍頂端每個欄位名稱右邊會出現「篩選器」 ▼ 鈕。

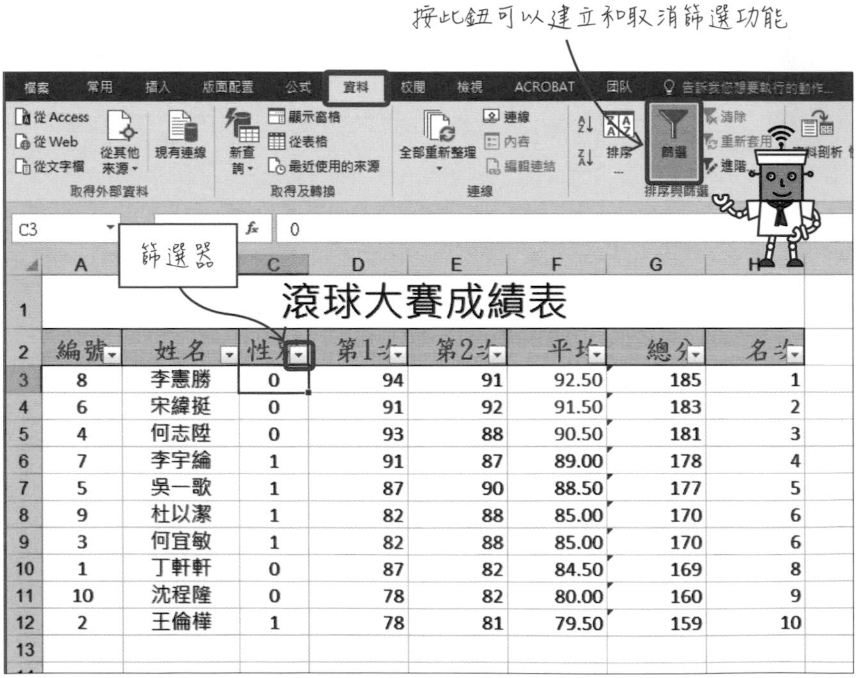

按此鈕可以建立和取消篩選功能

篩選器

滾球大賽成績表

編號	姓名	性別	第1次	第2次	平均	總分	名次
8	李憲勝	0	94	91	92.50	185	1
6	宋緯挺	0	91	92	91.50	183	2
4	何志陞	0	93	88	90.50	181	3
7	李宇綸	1	91	87	89.00	178	4
5	吳一歌	1	87	90	88.50	177	5
9	杜以潔	1	82	88	85.00	170	6
3	何宜敏	1	82	88	85.00	170	6
1	丁軒軒	0	87	82	84.50	169	8
10	沈程隆	0	78	82	80.00	160	9
2	王倫樺	1	78	81	79.50	159	10

02 設定篩選條件：按「性別」欄旁邊的 ▼ 鈕，從「性別」下拉清單勾選「1」為篩選條件，篩選結果顯示如下圖。

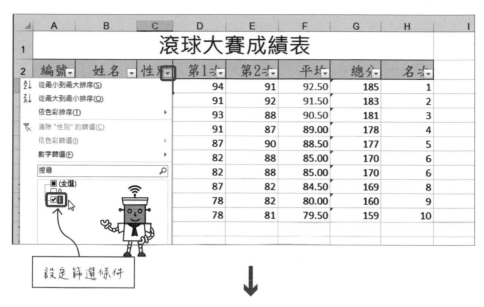

設定篩選條件

↓

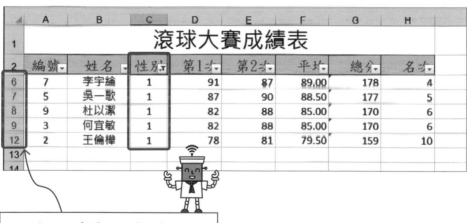

工作表上只會顯示出符合篩選條件
的資料，不符合的資料會被隱藏

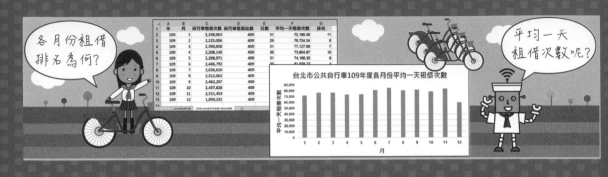

Alice 熱愛大自然，每到假日時，她總喜歡騎乘著公共自行車（ubike）到處去旅行。這天當她穿梭於河濱公園時，突然想到一個感興趣的問題：「一年 12 個月份中，哪一個月份 ubike 的租借次數是第一名呢？」她決定回家上網找資料研究研究。

演練內容

01 資料取得：開啟「Ch02-ubike」並切換至「ubike 原始資料集」工作表，檢視原始資料集中的資料筆數（共有 _____ 筆），以及所包含的欄位名稱和內容。

資料來源：政府開放資料平台之「臺北市公共自行車概況按月別」，網址：https://data.gov.tw/dataset/132089。

02 建立一張新的工作表「109 年 ubike 各月份租借次數 & 站點數」，將「ubike 原始資料集」工作表中 109 年度各月份「租借次數」和「租借站數」的資料複製到此新的工作表中。

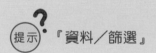　『資料／篩選』

03 於表中新增「日數、平均一天租借次數、排名」三欄，在「日數」欄中分別輸入該月份的日數。

月份	1	2	3	4	5	6	7	8	9	10	11	12
日數	31	29	31	30	31	30	31	31	30	31	30	31

04 計算每一月份的「平均一天租借次數」，設定數字格式為含千分號、小數 2 位。

提示 平均一天租借次數 = 租借次數 / 日數

05 以「平均一天租借次數」為依據，計算 12 個月份的租借排名。

提示 計算排名：RANK.EQ( ) 函數

06 自動顯示前 3 名為紅色粗體字。

提示 條件式格式設定：『常用／樣式／設定格式化的條件』

🚲 參考結果

	A	B	C	D	E	F	G	H
1	年	月	自行車租借次數	自行車租借站數	日數	平均一天租借次數	排名	
2	109	1	2,238,063	409	31	72,195.58	11	
3	109	2	2,225,006	409	29	76,724.34	8	
4	109	3	2,390,958	409	31	77,127.68	7	
5	109	4	2,208,140	409	30	73,604.67	10	
6	109	5	2,298,971	409	31	74,160.35	9	
7	109	6	2,446,792	409	30	81,559.73	4	
8	109	7	2,636,610	409	31	85,051.94	1	
9	109	8	2,512,062	409	31	81,034.26	5	
10	109	9	2,462,297	409	30	82,076.57	3	
11	109	10	2,437,826	409	31	78,639.55	6	
12	109	11	2,511,453	409	30	83,715.10	2	
13	109	12	1,859,231	409	31	59,975.19	12	
14								

ubike原始資料集　109年ubike各月份租借次數&站點數　⊕

07 建立一張新的工作表「109 年 ubike 各月份平均一天租借次數」，以「平均一天租借次數」繪製 12 個月份的直條圖。

🚲 參考結果

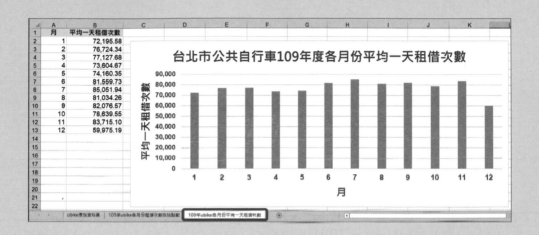

資料科學
123

網路爬蟲

讀取(匯入)資料檔

.csv、.xlsx、.ods

取得
資料

網路爬蟲
由網頁截取表格
『資料 / 取得及轉換』

資料觀察
COUNTA( )

資料轉換
VLOOKUP( )

資料
處理

資料清理

移除重複資料
『資料 / 移除重複』

補缺失值
IF( )、ISBLANK( )

刪除列/欄資料

資料篩選

折線圖

散佈圖

分類的變化趨勢 (不連續)

- 四季的銷售額
- 歷次的成績
- 每個月份觀光人數

資料
視覺化

幾群資料的分佈

- 身高與體重的分佈
- 國文與英文分數之間的關係

直條圖

橫條圖

直條圖/橫條圖

分類資料比較

- 各科的分數
- 男生與女生的人數

長條圖(直方圖)

連續資料變化趨勢

- 不同身高的體重
- 不同年齡的存活率

圓形圖　比例

- 四季的銷售比例
- 男生與女生的比例

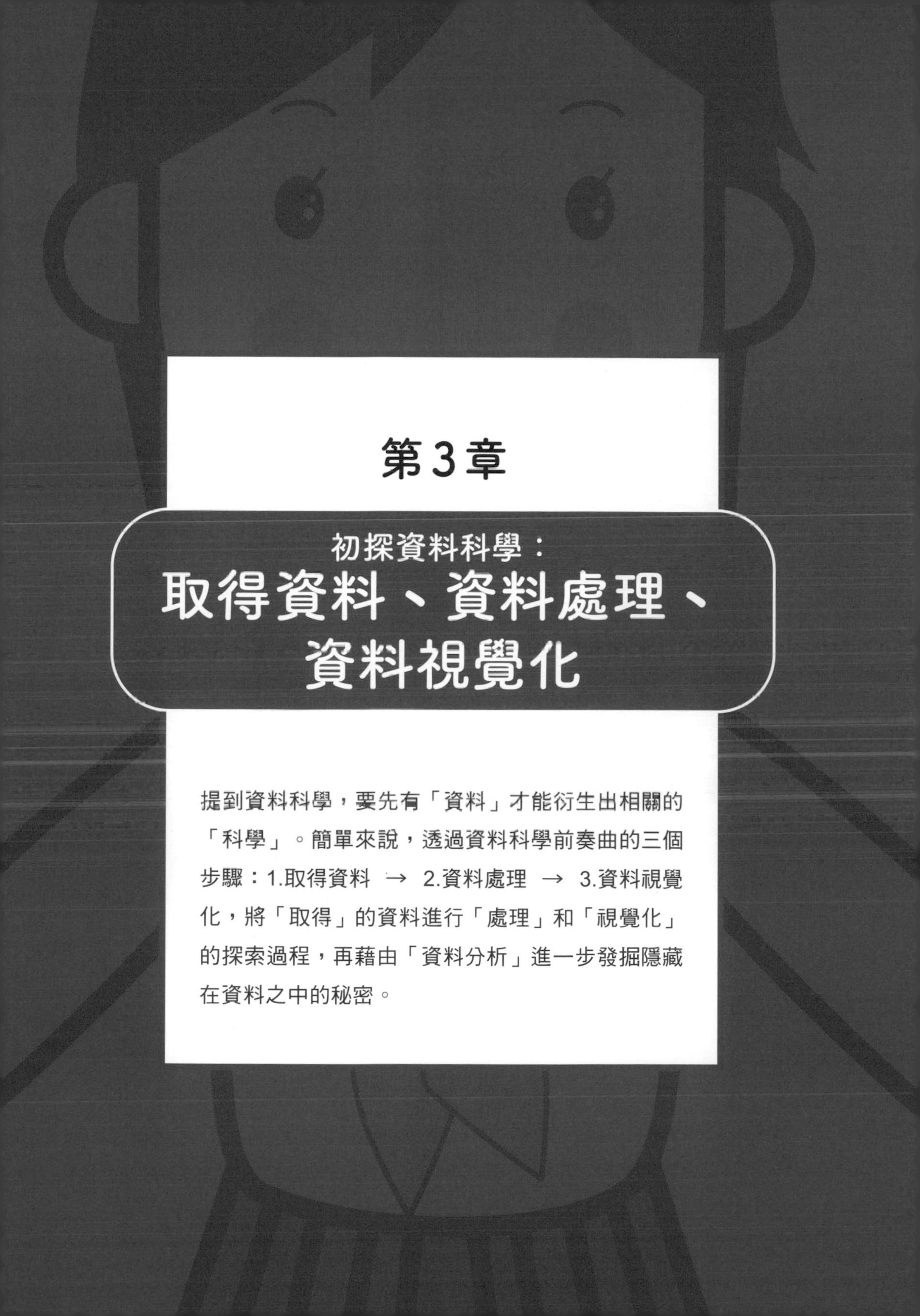

第3章

初探資料科學：
取得資料、資料處理、
資料視覺化

提到資料科學，要先有「資料」才能衍生出相關的「科學」。簡單來說，透過資料科學前奏曲的三個步驟：1.取得資料 → 2.資料處理 → 3.資料視覺化，將「取得」的資料進行「處理」和「視覺化」的探索過程，再藉由「資料分析」進一步發掘隱藏在資料之中的秘密。

3-1 取得資料

如何獲得資料是資料科學首要的步驟，除了靠自己搜集與整理之外，更可以透過網路取得現成且大量的各類資料。

3-1-1 讀取 (匯入) 現有資料檔

如何以 Excel 讀取已取得的資料檔 (如：.csv、.xlsx、.ods 等) 呢？方法很簡單，請看以下的操作。

實作 Excel 讀取 CSV 檔

01 讀取 CSV 檔：在 Excel 中選取『資料／取得外部資料／從文字檔』，從「匯入文字檔」視窗點選並匯入「Ch03-企鵝資料集.csv」檔案，操作步驟如下。

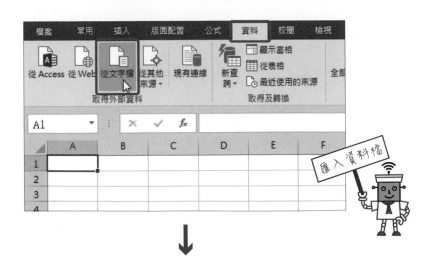

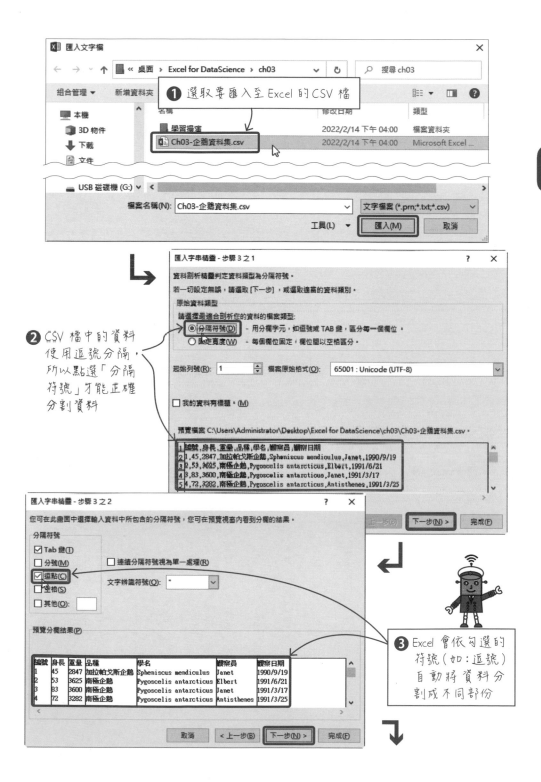

❶ 選取要匯入至 Excel 的 CSV 檔

❷ CSV 檔中的資料使用逗號分隔，所以點選「分隔符號」才能正確分割資料

❸ Excel 會依勾選的符號（如：逗號）自動將資料分割成不同部份

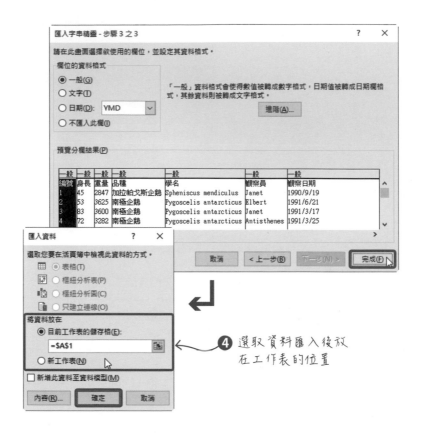

02 使用 Excel 讀取 CSV 格式的檔案，並且自動轉換成如下的 Excel 工作表。

3-1-2　網路爬蟲

網路爬蟲 (Web Crawler) 是一種用來自動瀏覽全球資訊網 (WWW) 的網路機器人（用白話講就是程式！），可以讓我們直接從 HTML 網頁擷取所需的資料。

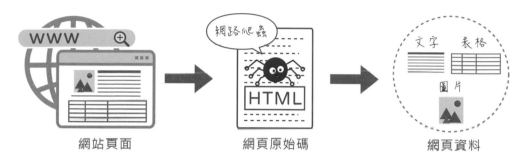

手動下載開放資料雖然方便，但是若遇到資料只呈現在網頁上，並未整理成檔案類型就無法以手動方式下載資料，這時候就可以利用網路爬蟲的方法，藉由設定時間自動取得資料，並進一步儲存或做資料處理。

透過瀏覽器所看到如下圖 (a) 的網頁，內容豐富且多采多姿，實際上這些呈現在眼前的效果都是由下圖 (b) 中密密麻麻的網頁原始碼所組合而成的。

大樂透							
期別	開獎日	兌獎截止日期		銷售金額		獎金總額	
109000091	109/10/16	110/01/18		140,227,550		78,527,428	
		獎號					特別號
開出順序	07	44	28	25	47	33	19
大小順序	07	25	28	33	44	47	19

開出的號碼

獎金分配							
獎項	頭獎	貳獎	參獎	肆獎	伍獎	陸獎	柒獎
對中獎號數	6個	任5個+特別號	任5個	任4個+特別號	任4個	任3個+特別號	任2個+特別號	任3個
中獎注數	0	1	37	98	2,401	3,420	33,625	44,355
單注獎金	0	2,542,372	73,998	17,960	2,000	1,000	400	400
累至次期獎金	32,073,010	0	0	0				

▲ (a) 台灣彩券大樂透各期中獎號碼網頁

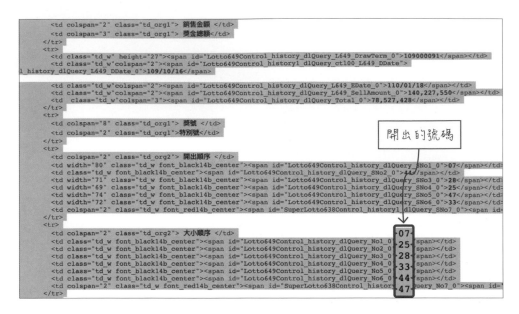

▲ (b) 台灣彩券大樂透各期中獎號碼網頁原始碼

　　網路爬蟲主要的功用就是透過解析網頁的內容資訊，從這些原始碼中找到並自動下載網頁中的文字、表格、圖片等。表格是網頁中常見擺放數據的格式，利用 Excel 就可以把這類的表格資訊匯入到工作表。以下簡單介紹如何從台灣彩券大樂透入口網頁中抓取各期中獎號碼的資料。

實作 網路爬蟲 - 由網頁截取表格

01　找到有表格的網頁：例如：台灣彩券大樂透各期中獎號碼網頁「https://www.taiwanlottery.com.tw/Lotto/Lotto649/history.aspx」。

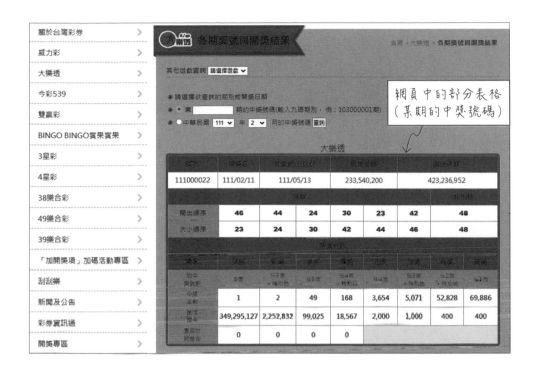

02 抓取網頁表格資料：在 Excel 中選取『資料／取得及轉換／新查詢』，操作步驟和結果如下。

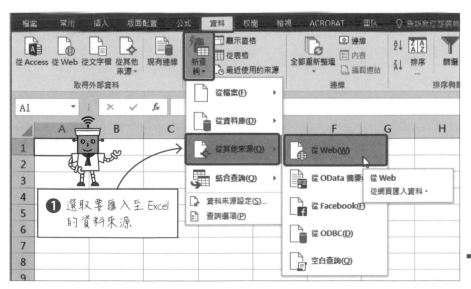

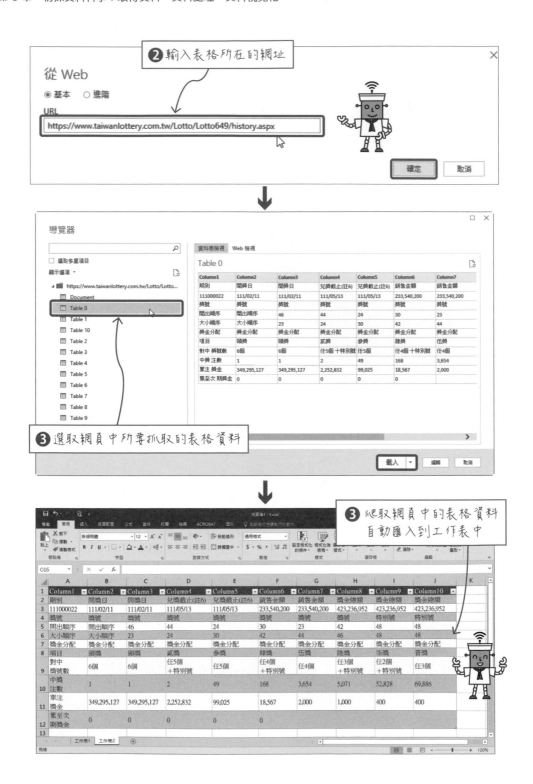

❷ 輸入表格所在的網址

❸ 選取網頁中所要抓取的表格資料

❸ 爬取網頁中的表格資料
自動匯入到工作表中

3-2 資料處理

在進行資料科學過程中的分析資料之前，需將取得的資料進行觀察及前處理，常見資料處理的項目是觀察、篩選、刪除重複資料和補缺失值。

3-2-1 觀察資料

搜集到的資料難免會有些不完整，通常拿到資料之後要先進行檢視，若察覺有缺漏就需加以補值或刪除。以下我們使用「Ch03- 學生平時考成績」為例來進行資料的前處理，其中包含某班 40 位同學五次的平時成績，如下圖所示。

	A	B	C	D	E	F	G	H	I
1	學號	姓名	性別	email	第1次	第2次	第3次	第4次	第5次
2	1080001	丁軒軒	男	1080001@sun.tc.edu.tw	86	88	82	87	92
3	1080002	于倫樺	女	1080002@sun.tc.edu.tw	92	90	95	99	96
4	1080003	何宜敏	女	1080003@sun.tc.edu.tw	82	87	86	82	82
5	1080004	何志陞	男	1080004@sun.tc.edu.tw	91	92	99	91	92
6	1080005	吳一歌	女	1080005@sun.tc.edu.tw	93	100	92	97	98
7	1080006	宋緯挺	男	1080006@sun.tc.edu.tw	92		83	90	88
8	1080006	宋緯挺	男	1080006@sun.tc.edu.tw	84	81	83	90	88
9	1080007	李宇綸	女	1080007@sun.tc.edu.tw	82	76	89	87	85
10	1080008	李憲勝	男	1080008@sun.tc.edu.tw	-1	-1	-1	-1	-1
11	1080009	杜以潔	女	1080009@sun.tc.edu.tw	53	56	57	54	53
12	1080010	沈程陞	男	1080010@sun.tc.edu.tw	81		84	86	83

▲「學生平時考成績」的資料

實作 觀察資料表和刪除重複記錄

01 計算各欄位記錄筆數：開啟「Ch03- 學生平時考成績」，將滑鼠移至工作表的最後一列，在儲存格「A43」中輸入「=COUNTA(A2:A42)」，計算共包含了多少筆記錄。再使用拖曳填滿的方式將「A43」中的內容複製到「A43:I43」。

| A43 | ▼ | : | ✕ | ✓ | ƒx | =COUNTA(A2:A42) |

▲	A	B	C	D	E	F	G	H	I
34	1080032	曾彥睿	男	1080032@sun.tc.edu.tw	78	81	78	79	83
35	1080033	黃杰弘	男	1080033@sun.tc.edu.tw	80	87	79	87	86
36	1080034	黃富穎	男	1080034@sun.tc.edu.tw	93	88	96	99	93
37	1080035	詹宗喻	男	1080035@sun.tc.edu.tw	87	87	89	88	89
38	1080036	廖安軒	女	1080036@sun.tc.edu.tw	91	92	97	91	94
39	1080037	劉隆霖	男	1080037@sun.tc.edu.tw	91	87	89	93	95
40	1080038	劉二婕	女	1080038@sun.tc.edu.tw	94	100		92	95
41	1080039	蔡凌嘉	男	1080039@sun.tc.edu.tw	94	100	100	94	95
42	1080040	謝穎安	男	1080040@sun.tc.edu.tw	78	82	81	79	80
43	41	41	41		41	41	39	40	41	40
44									
45									

tip

COUNTA( ) 計算有資料的儲存格個數 (任何資料型態)

例 **=COUNTA(A2:A42)** 計算範圍「A2:A42」中「有資料」的儲存格個數

02 觀察筆數是否異常：仔細觀察最後一列的統計資料，發現了以下的問題：

(1) 全班只有 40 位同學，怎麼有些欄位（如：學號、姓名等）會有 41 筆資料呢？

(2) 第 2 次平時考的筆數較少，是不是缺漏了哪些同學的考試成績？

▲	A	B	C	D	E	F	G	H	I
1	學號	姓名	性別	email	第1次	第2次	第3次	第4次	第5次
34	1080032	曾彥睿	男	1080032@sun.tc.edu.tw	78	81	78	79	83
35	1080033	黃杰弘	男	1080033@sun.tc.edu.tw	80	87	79	87	86
36	1080034	黃富穎	男	1080034@sun.tc.edu.tw	93	88	96	99	93
37	1080035	詹宗喻	男	1080035@sun.tc.edu.tw	87	87	89	88	89
38	1080036	廖安軒	女	1080036@sun.tc.edu.tw	91	92	97	91	94
39	1080037	劉隆霖	男	1080037@sun.tc.edu.tw	91	87	89	93	95
40	1080038	劉二婕	女	1080038@sun.tc.edu.tw	94	100		92	95
41	1080039	蔡凌嘉	男	1080039@sun.tc.edu.tw	94	100	100	94	95
42	1080040	謝穎安	男	1080040@sun.tc.edu.tw	78	82	81	79	80
43	41	41	41		41	41	39	40	41	40
44									

多出 1 筆　　　　　　　　少 1 個分數

03 檢查並標註重複的記錄：以「學號」（A 欄）來檢查資料有無重複的情形。先選取「學號」（「A2:A42」）後，再選取『常用／設定格式化的條件』，重複的記錄都會自動加上網底來標示。

❶ 設定要加上格式化條件的資料（如：重複值）

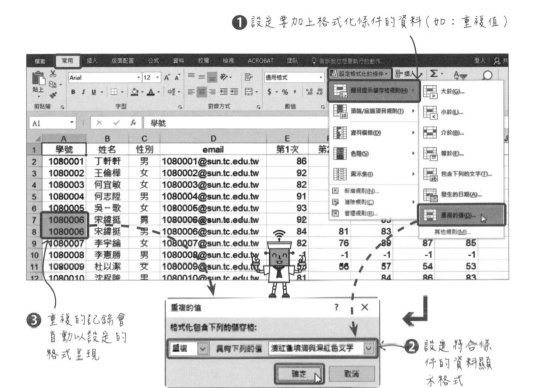

❸ 重複的記錄會自動以設定的格式呈現

❷ 設定符合條件的資料顯示格式

04 移除重複內容：選取『資料／移除重複』，在「移除重複」對話方塊中勾選「我的資料有標題」、「學號」，完成後工作表中「學號」重複的記錄就會被移除。

❶ 選取『資料／移除重複』

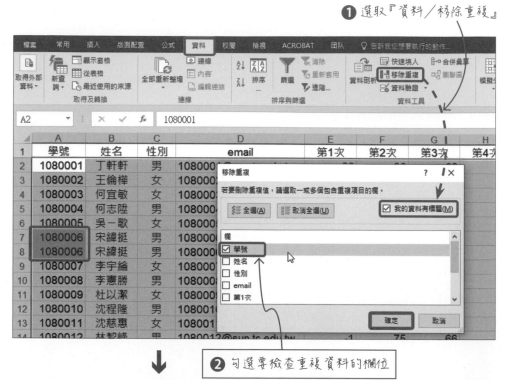

❷ 勾選要檢查重複資料的欄位

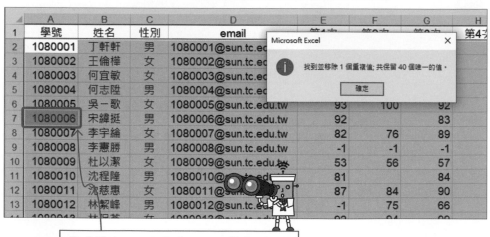

❸ 「學號」欄中重複的記錄都會被刪除

tip

移除重複內容時會保留第一筆記錄，其他重複的記錄都會被刪除。

3-2-2　資料篩選、刪除列資料與行資料

若要刪除資料表的某些記錄時，可以先把資料篩選出來之後再將之刪除。

X✦實作 資料篩選、刪除列 / 行資料

01 資料篩選：先點選任一個有資料的儲存格，再選取『資料／排序與篩選／篩選 ▼』，從「第 1 次」下拉清單勾選「-1」，篩選出「第 1 次」分數被標註為「-1」（缺考）的同學。

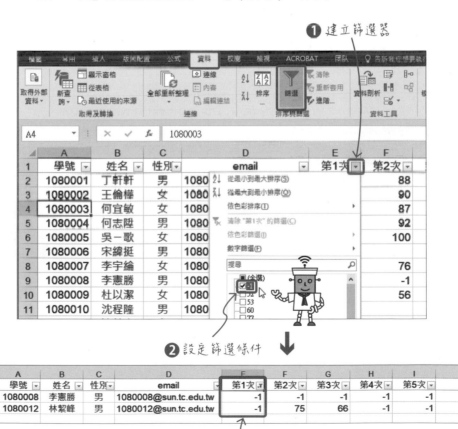

❶ 建立篩選器

❷ 設定篩選條件

❸ 工作表上只會顯示符合條件的記錄

02 刪除列：按住 `Ctrl` 不放，分別選取第 9 和 13 列，按滑鼠右鍵選取『刪除列』將這 2 列刪除。完成後，選取『資料／排序與篩選／篩選 ▼ 』取消篩選功能，可以看到「1080008」和「1080012」這 2 筆記錄已從工作表中刪除。

▲	A	B	C	D	E	F	G	H	I
1	學號	姓名	性別	email	第1次	第2次	第3次	第4次	第5次
2	1080001	丁軒軒	男	1080001@sun.tc.edu.tw	86	88	82	87	92
3	1080002	王倫樺	女	1080002@sun.tc.edu.tw	92	90	95	99	96
4	1080003	何宜敏	女	1080003@sun.tc.edu.tw	82	87	86	82	82
5	1080004	何志陞	男	1080004@sun.tc.edu.tw	91	92	99	91	92
6	1080005	吳一歌	女	1080005@sun.tc.edu.tw	93	100	92	97	98
7	1080006	宋緯挺	男	1080006@sun.tc.edu.tw	92		83	90	88
8	1080007	李宇綸	女	1080007@sun.tc.edu.tw	82	76	89	87	85
9	1080009	杜以潔	女	1080009@sun.tc.edu.tw	53	56	57	54	53
10	1080010	沈程隆	男	1080010@sun.tc.edu.tw	81		84	86	83
11	1080011	沈慈惠	女	1080011@sun.tc.edu.tw	87	84	90	87	92
12	1080013	林保芩	女	1080013@sun.tc.edu.tw	92	94	99	96	94
13	1080014	林宏銘	男	1080014@sun.tc.edu.tw	60	56	58	85	88
14	1080015	邱堂儀	女	1080015@sun.tc.edu.tw	83	84	83	83	85

1080008 及 1080012 已被刪除

3-2-3　補上缺失值

資料分析時資料的完整性是很重要的，如果想要檢查和補上資料表中的空值，可以藉助 Excel 提供的 ISBLANK() 和 IF() 函數來完成。

空值資料檢查及補值

01 檢查缺失值：想要檢查「第 2 次」是否有缺失值的儲存格，可以先選取範圍「F2:F39」，再利用『常用／樣式／設定格式化的條件／新增規則』，設定格式規則為「空格」、格式設定樣式自訂為「填滿／橙色」，範圍內空白的記錄都會加上網底來標示。

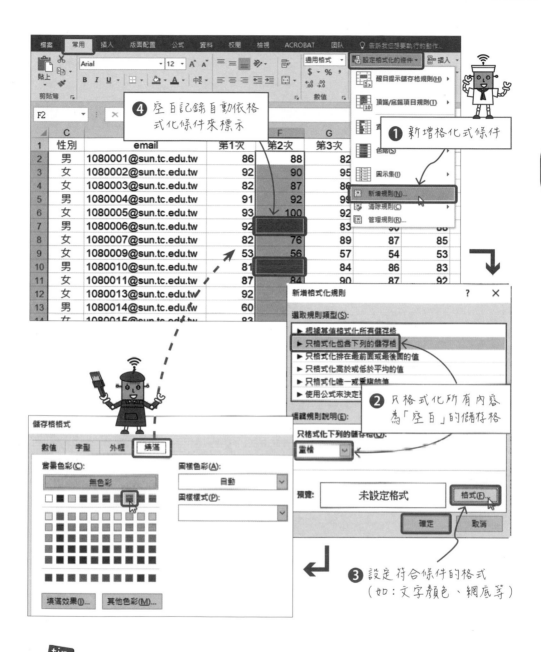

tip

使用『樣式／設定格式化的條件』只能檢查並標示空白的儲存格，
無法用來處理或刪除標示的儲存格。

02 以全班平均補缺失值：針對第 2 次成績是「空白」的儲存格，本例中採用該次考試全班同學的平均分數來補上缺失值。在儲存格「J2」中輸入「=IF(ISBLANK(F2)，AVERAGE($F$2:$F$39)，F2)」，使用拖曳填滿的方式將「J2」中的內容複製到「J2:J39」。

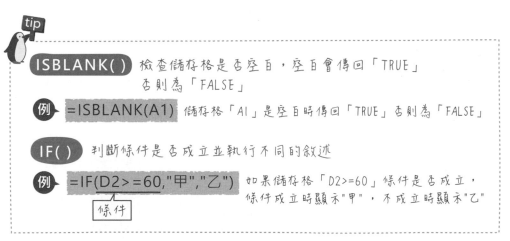

檢查空白並填入值：=IF(ISBLANK(F2), AVERAGE($F$2:$F$39), F2)

	C	D	E	F	G	H	I	J
	性別	email	第1次	第2次	第3次	第4次	第5次	
2	男	1080001@sun.tc.edu.tw	86	88	82	87	92	88
3	女	1080002@sun.tc.edu.tw	92	90	95	99	96	90
4	女	1080003@sun.tc.edu.tw	82	87	86	82	82	87
5	男	1080004@sun.tc.edu.tw	91	92	99	91	92	92
6	女	1080005@sun.tc.edu.tw	93	100	92	97	98	100
7	男	1080006@sun.tc.edu.tw	92		83	90	88	85.4166667
8	男	1080007@sun.tc.edu.tw	82	76	89	87	85	76
9	男	1080009@sun.tc.edu.tw	53	56	57	54	53	56
10	男	1080010@sun.tc.edu.tw	81		84	86	83	85.4166667
11	女	1080011@sun.tc.edu.tw	87	84	90	87	92	84
12	女	1080013@sun.tc.edu.tw	92	94	99	96	94	94
13	男	1080014@sun.tc.edu.tw	60	56	58	85	88	56
14	女	1080015@sun.tc.edu.tw	83	84	83	83	85	84

tip

ISBLANK( ) 檢查儲存格是否空白，空白會傳回「TRUE」否則為「FALSE」

例 =ISBLANK(A1) 儲存格「A1」是空白時傳回「TRUE」否則為「FALSE」

IF( ) 判斷條件是否成立並執行不同的敘述

例 =IF(D2>=60,"甲","乙") 如果儲存格「D2>=60」條件是否成立，條件成立時顯示"甲"，不成立時顯示"乙"

條件

03 複製「J2:J39」的內容，再按滑鼠右鍵，以『貼上選項／值』的方式將值貼至「F2:F39」。原來空白的「F7」和「F10」便會以全班第 2 次的平均分數補上缺失值。

❶ 按滑鼠右鍵選取『貼上選項／值』　➡　❷ 以平均分數補上缺失值

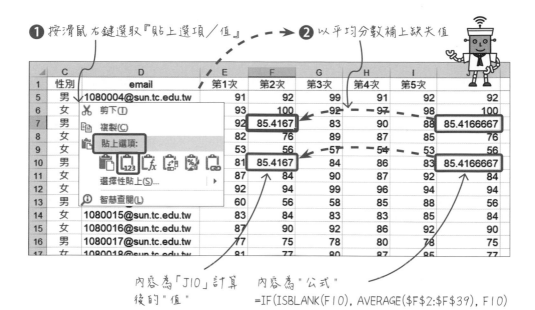

◢	C	D	E	F	G	H	I	J
1	性別	email	第1次	第2次	第3次	第4次	第5次	
5	男	1080004@sun.tc.edu.tw	91	92	99	91	92	92
6	女	✂ 剪下(T)	93	100	92	97	98	100
7	男	▣ 複製(C)	92	85.4167	83	90	88	85.4166667
8	女	貼上選項:	82	76	89	87	85	76
9	女		53	56	57	54	53	56
10	男		81	85.4167	84	86	83	85.4166667
11	女	選擇性貼上(S)...	87	84	90	87	92	84
12	女		92	94	99	96	94	94
13	男	ⓘ 智慧查閱(L)	60	56	58	85	88	56
14	女	1080015@sun.tc.edu.tw	83	84	83	83	85	84
15	女	1080016@sun.tc.edu.tw	87	90	92	86	92	90
16	男	1080017@sun.tc.edu.tw	77	75	78	80	78	75
17	女	1080018@sun.tc.edu.tw	81	77	80	87	87	77

內容為「J10」計算　內容為 "公式"
後的 "值"　=IF(ISBLANK(F10), AVERAGE($F$2:$F$39), F10)

tip

★ 貼上：會將原儲存格中的內容、格式、公式…等全部貼到目的儲存格中
★ 選擇性貼上：可以決定要貼上的部分，例如：僅貼上值、格式或公式

04 以同樣的方式將第 3 及 5 次（每行）缺失值的儲存格分別補上該次平時考的全班平均分數。

加廣
知識

上述實作是利用 AVERAGE() 函數計算全班該次平均成績來補值，如果想改為「以第 1 次相同成績同學們的第 2 次平均來補值」，可使用 AVERAGEIF() 函數。

• AVERAGEIF() 函數：以第 1 次平時考相同成績的同學，他們第 2 次平時考的平均來補值。

接下頁

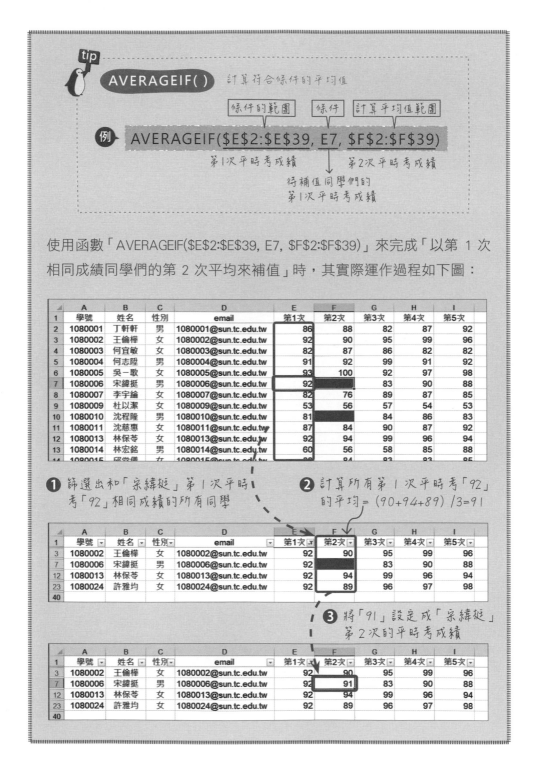

使用函數「AVERAGEIF($E$2:$E$39, E7, $F$2:$F$39)」來完成「以第 1 次相同成績同學們的第 2 次平均來補值」時，其實際運作過程如下圖：

3-2-4 資料轉換

在資料科學或機器學習中經常使用數值資料來建立模型，原本資料表的字串、真 / 假 (True/False) 值等就會使用資料轉換 (如：' 男 ' → 0、' 女 ' → 1) 來達到目的。接下來介紹在 Excel 中如何透過 VLOOKUP()[註1] 函數進行資料轉換的動作。

實作　資料轉換

01 VLOOKUP() 函數進行轉換：

(1) 進行資料轉換之前，首先要建立一個對應關係，在「K1:L3」中輸入如下對應表的資料。

(2) 將建好的對應關係透過 VLOOKUP() 函數進行轉換，在儲存格「J1」中輸入文字「性別代碼」、「J2」中輸入函數「=VLOOKUP(C2,$K$2:$L$3,2,FALSE)」，使用拖曳填滿的方式將「J2」中的內容複製到「J2:J39」。

查詢並回傳值：
=VLOOKUP(C2,$K$2:$L$3,2,FALSE)

	A	B	C	D	E	F	G	H	I	J	K	L
1	學號	姓名	性別	email	第1次	第2次	第3次	第4次	第5次	性別代碼	資料轉換	
2	1080001	丁軒軒	男	1080001@sun.tc.edu.tw	86	88	82	87	92	0	男	0
3	1080002	王倫樺	女	1080002@sun.tc.edu.tw	92	90	95	99	96	1	女	1
4	1080003	何宜敏	女	1080003@sun.tc.edu.tw	82	87	86	82	82	1		
5	1080004	何志陞	男	1080004@sun.tc.edu.tw	91	92	99	91	92	0		
6	1080005	吳一歌	女	1080005@sun.tc.edu.tw	93	100	92	97	98	1		
7	1080006	宋緯挺	男	1080006@sun.tc.edu.tw	92	85.4167	83	90	88	0		
8	1080007	李宇綸	女	1080007@sun.tc.edu.tw	82	76	89	87	85	1		
9	1080009	杜以潔	女	1080009@sun.tc.edu.tw	53	56	57	54	53	1		
10	1080010	沈程隆	男	1080010@sun.tc.edu.tw	81	85.4167	84	86	83	0		
11	1080011	沈慈惠	女	1080011@sun.tc.edu.tw	87	84	90	87	92	1		
12	1080013	林保苓	女	1080013@sun.tc.edu.tw	92	94	99	96	94	1		

對應表

轉換後：" 男 " → 0、" 女 " → 1

[註1]　有關 VLOOKUP( ) 函數的用法，請參閱第 2 章。

3-3　資料視覺化

　　資料視覺化 (Data Visualization) 是把原本的資料改用圖表、統計圖表來呈現，目的是使複雜的資料更容易被閱讀及理解，進而發掘資料背後隱藏的意涵，在資料分析之前或進行資料分析時都可能會用到資料視覺化。

　　在日常生活中，我們時常會接觸到將資料視覺化後所得到的統計圖表，例如：公司每月營業額統計圖、選舉候選人得票率、班上成績的分佈圖等，這些圖表通常可讓我們快速的查詢及運用資料。

3-3-1　資料視覺化的重要性

　　資料視覺化將原始數據以如下圖的視覺方式呈現，讓我們能夠清楚地辨別數據之間的對比、發展趨勢、隱含規律及彼此的關聯性。這些對於資料科學和建立機器學習模型是非常重要的一步，學會它將能擁有一個很好用的資料觀察工具。

區域	第一季	第二季	第三季	第四季
東區	4522	2120	1200	3800
西區	3101	1846	2022	1900
南區	2111	2897	3200	2139
北區	4213	987	500	1568

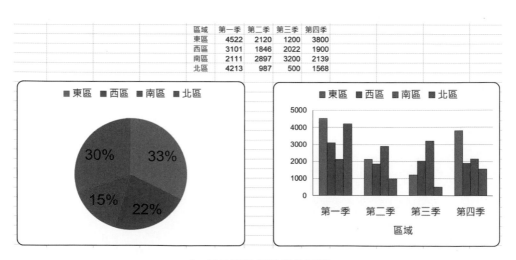

▲ 原始資料與視覺化圖形

好的視覺化讓人一眼就能看出想表達的意義，不好的視覺化反而埋沒了背後的資訊與知識！如下圖所示，想要了解投票結束後每個候選人的得票率，有沒有人得到超過半數選民的支持時，將各候選人的得票率採用圓形圖以比例來呈現，絕對會比使用直條圖清楚多了。

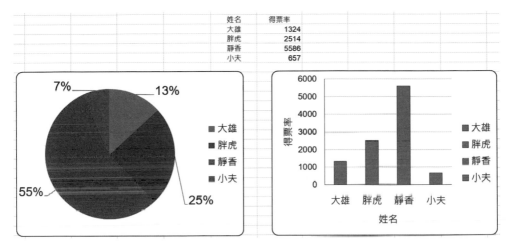

▲　圓形圖比直條圖更能呈現各項資料所佔的比例

3-3-2　常見的資料視覺化圖表

下表所列是一般常用的圖表類型，接下來就實際操作如何利用 Excel 提供的『圖表』功能繪製統計圖表，甚至進一步練習調整圖表的外觀，這將會讓你對原始資料能有更佳的判斷及掌握。

▼ 常用的圖表類型

圖表類型	功能	例子
折線圖	分類的變化趨勢（不連續資料）：比較數值高低和差距	• 歷次的成績 • 四季的銷售額 • 每個月份觀光人數 <div align="right">接下頁</div>

圖表類型	功能	例子
直條圖 / 橫條圖 	分類（不連續資料）： 比較數值高低和差距	• 各科的分數 • 男生及女生的人數
圓形圖 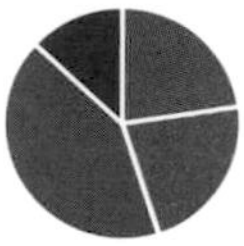	比例： 顯示出各個資料間的數值比例	• 四季的銷售比例 • 男生及女生的比例
長條圖(直方圖) 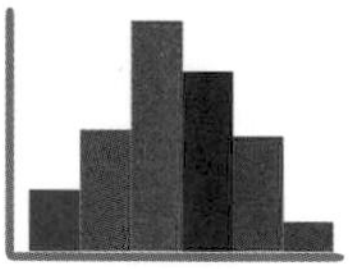	連續資料變化趨勢： 顯示資料的統計分析，經常用於數據統計中	• 不同身高的體重 • 不同年齡的存活率
散佈圖 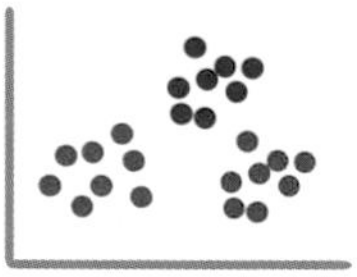	幾群資料的分佈： 比較兩個不同數據的相關情形	• 身高與體重的分佈 • 國文與英文分數之間的關係

愛看趨勢的折線圖

　　將資料點連接起來形成的折線圖，可以明白看出資料變動的趨勢。如下圖是綠島和谷關溫泉在 1-12 月份的人數統計表，從折線圖中就能清楚的比較出不同月份（氣溫高低）的影響程度。

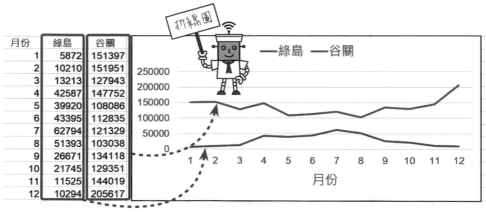

月份	綠島	谷關
1	5872	151397
2	10210	151951
3	13213	127943
4	42587	147752
5	39920	108086
6	43395	112835
7	62794	121329
8	51393	103038
9	26671	134118
10	21745	129351
11	11525	144019
12	10294	205617

▲ 折線圖：不同月份參觀人數的統計趨勢圖

實作 繪製折線圖

01 插入折線圖：開啟「Ch03- 觀光人數統計 [註2]」，先選取範圍「B1:D13」，再選取『插入／圖表／折線圖 〰 』自動產生一張簡易的折線圖。

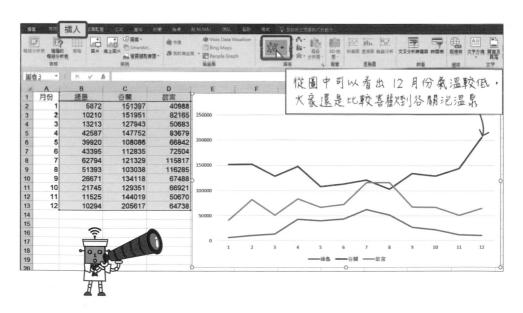

註2　資料來源：交通部觀光局觀光統計資料庫 https://stat.taiwan.net.tw/scenicSpot。

02 繪製部份資料的折線圖：分別選取「綠島」和「故宮」的資料，使用『插入／圖表／折線圖 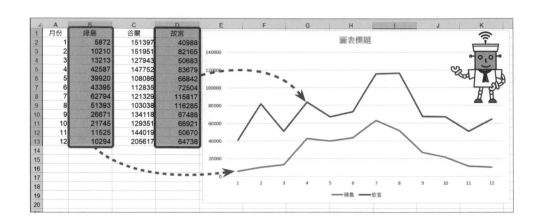 』可以只繪製所選取資料（綠島和故宮 12 個月觀光人數）的折線圖。

愛比較的直條圖

　　直條圖（或橫條圖）能清楚的比較資料大小，通常用於呈現多組資料實際數值的高低和差距。如下圖是公司的年度銷售金額統計表，從直條圖中就可以清楚的看到各區域在哪一季有比較好的銷售成績。

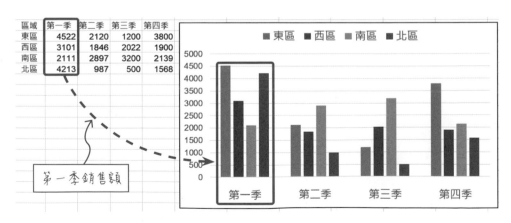

▲ 直條圖：呈現及比較不同區域各季的銷售金額

X 實作 **繪製直條圖**

01 插入直條圖：開啟「Ch03- 年度銷售金額」，點選有資料的儲存格後再選取『插入／圖表／直條圖 **▟** 』。

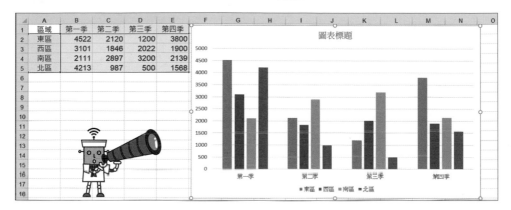

02 橫條圖：想將垂直的直條圖案改成以水平方式呈現時，圖表類型就要設定成「橫條圖」。

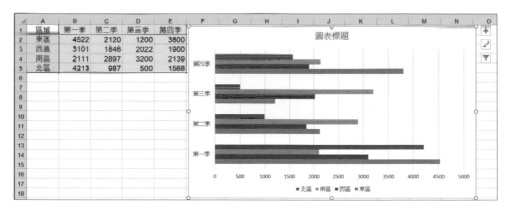

能展現自己重要性的圓形圖

　　圓形圖常使用於表現同一屬性在不同資料中所佔的比例，從分割的大小就可以一目瞭然地看出各項數據的重要程度。如下圖是公司的年度銷售金額統計表，從圓形圖中就可以清楚看到每個區域所佔第一季總銷售金額的比例。

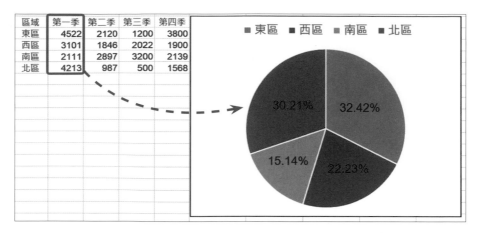

▲ 圓形圖：顯示不同區域佔第一季總銷售金額的比例

繪製圓形圖

01 插入圓形圖：選取「區域」和「第一季」的資料（「A1:B5」)」
後，選取『插入／圖表／圓形圖 』。

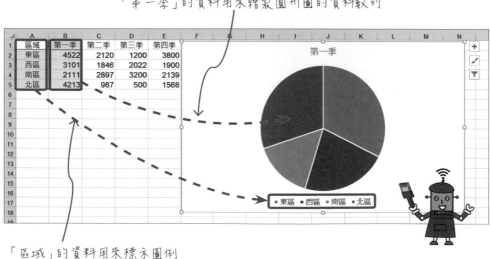

「第一季」的資料用來繪製圓形圖的資料數列

「區域」的資料用來標示圖例

02 調整圓形圖格式：依下列方式設定之後，整張圖表的長相便會有所不同。

(1) 圖表標題：選取「圖表標題」，文字：「第一季總銷售額各區域比例」、字型大小：「24」、格式：「粗體」、「置中對齊」、顏色：「紫色」。

(2) 資料標籤：在資料數列上按滑鼠右鍵，選取『新增資料標籤』。在新增的資料標籤上按滑鼠右鍵，選取『資料標籤格式』，設定標籤包含：「百分比」、標籤位置：「置中」、類別：「百分比」、小數位數：「2」。

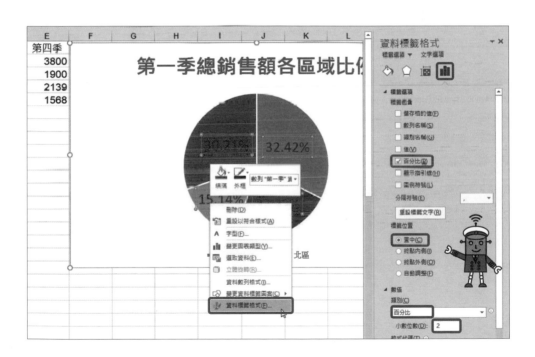

(3) 圖例：在圖例上按滑鼠右鍵，選取『圖例格式』。設定圖例位置：「左側」、字型大小：「14」、顏色：「藍色」、加上外框線。

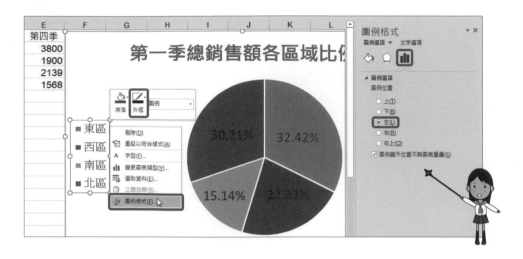

掌握分佈局勢的長條圖

　　長條圖（又稱直方圖，Histogram）和直條圖的外觀很類似，差別在於直條圖通常用來顯示實際數值，可直接表達、比較並瞭解數值之間的大小，而長條圖則是呈現資料在不同範圍的分佈狀況。

　　如下圖所示，10 位同學的考試分數繪製成左邊的直條圖時可以清楚看出每位同學成績的高低，改成右邊的長條圖則是會以不同分數級距（如：60~64、64~68...）的統計人數來呈現。

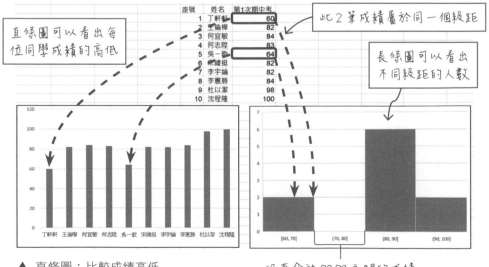

▲ 直條圖：比較成績高低

▲ 長條圖：顯示成績分布的情形

實作 繪製長條圖

01 插入長條圖：開啟「Ch03- 學生平時考成績」，選取「第 1 次」的資料「E2:E39」後，選取『插入／圖表／統計資料圖表 ▮▮ ／長條圖』。

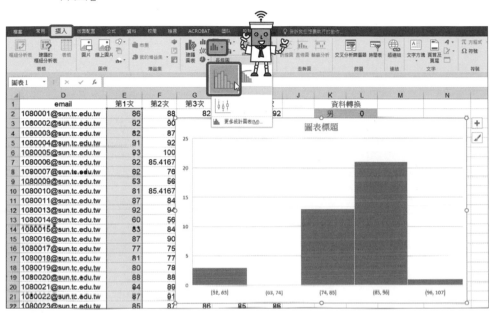

02 調整長條圖格式：在水平座標軸上按滑鼠右鍵，選取『座標軸格式』。設定 Bin 寬度（間隔）：「10」，將每個分數級距改成 10。

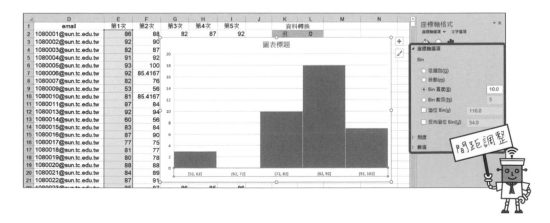

愛找關聯的散佈圖

散佈圖最常用於呈現兩種數據的關聯性，例如：身高和體重之間的關係，即身高越高體重通常會越重等。將所有的資料點繪製在圖上，就能看看資料是否有明顯的「分群」、「相關性」或是找出「異常值」。如下圖所示，可看出氣溫越高時，紅茶的銷售量就越好，表示二者之間具有正相關性[註3]。

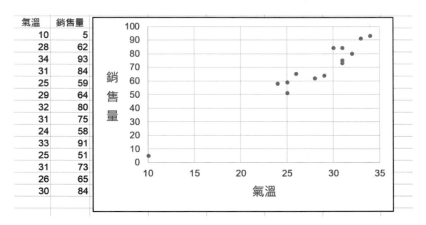

▲ 散佈圖：氣溫與紅茶銷售量之間的相關性

實作　繪製散佈圖

01 插入散佈圖：開啟台北市年度氣溫與日曬時數[註4]「Ch03- 日曬時數」，選取「氣溫」和「日曬時數」的資料（「B1:C13」）」後，選取『插入／圖表／XY 散佈圖 ⬚ 』繪製當月份日曬時數和氣溫之間的相關性。由圖中可以清楚看出日曬時間越長氣溫普遍會越高。

註3　請參考 p.4-21。

註4　資料來源：交通部中央氣象局 https://www.cwb.gov.tw/V8/C/C/Statistics/ monthlymean.html。

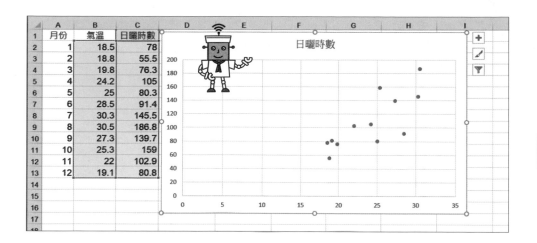

tip

並非所有資料都能繪製成任何類型的統計圖表，因為散佈圖是用來觀察兩項數據的相關性，需要用到二維型態的資料，一維的資料則無法產出具有意義的散佈圖。

02 調整散佈圖格式：在圖表區的橫軸（氣溫）數字部份按滑鼠右鍵，選取『座標軸格式』。設定最小值為「10」、最大值為「32」。以同樣的方式設定垂直軸（日曬時數）的最小值為「60」、最大值為「200」。依資料更改座標軸的起始和終止值，可以更突顯二項資料之間的散佈情形。

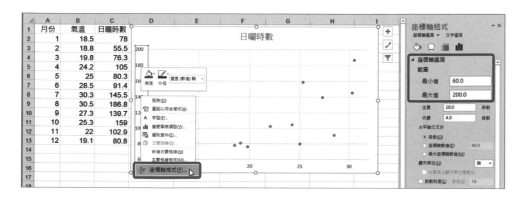

本章學習操演（一）

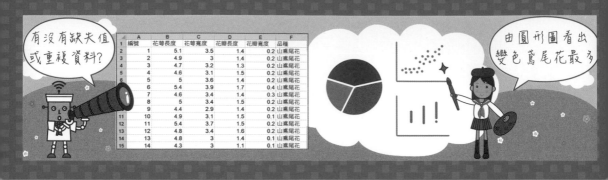

Alice 平日對於美麗的花兒特別感興趣，這天決定要來好好研究一下號稱是機器學習領域中經典的「鳶尾花（Iris）資料集」，她先將資料集進行前置的資料處理，例如：補缺失值、刪除重複資料等。接著透過視覺化將資料集繪製成一些統計圖形，找找看隱含在資料之間的關聯性。

演練內容

01 資料取得：開啟「Ch03-Iris」並切換至「Iris 原始資料集」工作表，檢視原始資料集中的資料筆數（共有 _____ 筆），以及所包含的欄位名稱和內容。

02 資料處理：

(1) 檢查除了「編號」(A 欄) 之外，「花萼長度」～「品種」(B 欄 ～ F 欄) 是否存在完全相同的重複資料（共有 _____ 筆），如果有重複就要將其刪除。

 提示 移除重複內容：『資料／移除重複』

3-32

(2) 檢查各欄位是否有缺失值（共有 ＿＿＿＿＿＿ 筆），如果有缺失值就將該筆資料刪除。

提示　檢查缺失值：『常用／設定格式化的條件』

03 資料視覺化：

(1) 新增「圓形圖 - 各品種鳶尾花的比例」工作表，將三個品種的鳶尾花數量以圓形圖呈現所佔的比例，參考結果如下。

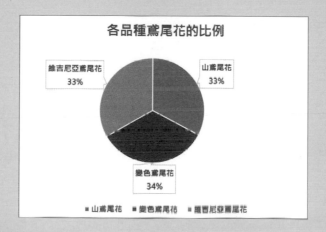

(2) 新增「散佈圖 - 花萼長度和花瓣長度的相關性」工作表，繪製散佈圖觀察花萼長度和花瓣長度的相關程度。完成後，調整橫軸、縱軸的最小值、最大值讓圖可以清楚充分呈現，參考結果如下。

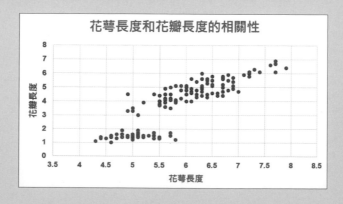

(3) 新增「散佈圖 - 三個品種的花萼長度區間」工作表，繪製三個品種花萼長度的分佈區間散佈圖。完成後，調整橫軸、縱軸的最小值、最大值讓圖可以清楚充分呈現，並且將品種代碼的對應顯示於「圖表副標題」，參考結果如下。

 提示　資料轉換（將「品種」轉換成數值型態的「品種代碼」，山鳶尾花：1、變色鳶尾花：2、維吉尼亞鳶尾花：3）：VLOOKUP() 函數

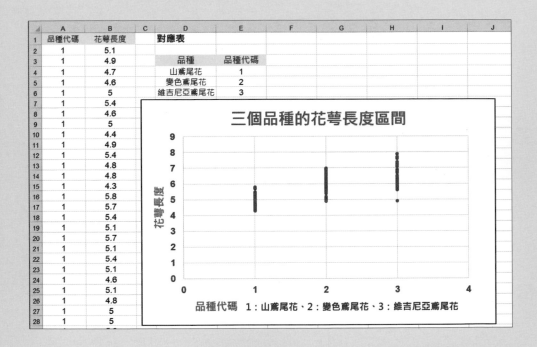

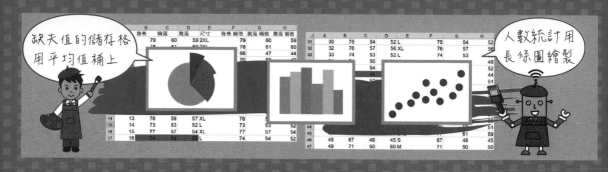

本章學習操演（二）

Bob 對於最近流行的電商感到十分有興趣，夢想著自己能成為潮服電商大亨。這天他想好好的研究一下 T-shirt 資料集，看看是否需要進行刪除重複資料、補上缺失值等的資料處理動作。同時規畫繪製如下的相關圖表，期望將資料集視覺化後，能夠往自己的夢想又再前進一步！

待分析的問題	圖表類型
各身長區間的人數	長條圖
各尺寸 T-shirt 的人數佔比	圓形圖
胸寬和肩寬的相關性	散佈圖

 演練內容

01 資料取得：開啟「Ch03-T-shirt」，檢視資料集中的資料筆數（共有 _____ 筆），以及所包含的欄位名稱和內容。

02 資料處理：

(1) 計算並檢查各欄位有缺失值的筆數（共有 ＿＿＿＿＿＿＿ 筆）。

 計算筆數：COUNTA() 函數

(2) 檢查資料列是否有重複（共有 ＿＿＿＿＿＿＿ 筆），如果有重複就將其刪除。

 移除重複內容：『資料／移除重複』

(3) 看看「身長、胸寬、肩寬」等欄位是否有缺失值的情況（共有 ＿＿＿＿＿＿＿ 筆），再將有缺失值的資料都用同尺寸的人的平均值來補值。

 缺失值補值：IF() 函數 +ISBLANK() 函數 +AVERAGEIF() 函數

參考結果

	A	B	C	D	E	F	G	H	I
1	編號	身長	胸寬	肩寬	尺寸	身長 補值	胸寬 補值	肩寬 補值	
2	1	79	60	59	2XL	79	60	59	
3	2	78	61	60	2XL	78	61	60	
4	3	66	47	44	S	66	47	44	
5	4	70	52	49	M	70	52	49	
6	5	79	62	59	2XL	79	62	59	
7	6	72	53	51	M	72	53	51	
8	7	72	54	51	L	72	54	51	
9	8	78	62	59	2XL	78	62	59	
10	9	71	51	50	M	71	51	50	
11	10	68	50	45	S	68	50	45	
12	11	77	57	56	XL	77	57	56	
13	12	75	53	51	L	75	53	51	
14	13	78	59	57	XL	78	59	57	
15	14	73	53	52	L	73	53	52	
16	15	77	57	54	XL	77	57	54	
17	16	74	54	52	L	74	54	52	
18	17	77	58	54	XL	77	58	54	
19	18	76	58	55	XL	76	58	55	

03 資料視覺化：

(1) 建立一張新的工作表「(長條圖) 各身長區間的人數」，利用長條圖呈現每一身長區間的人數統計。

提示 將「Bin 寬度」設成「2」

參考結果

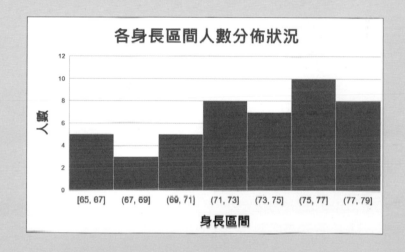

(2) 建立一張新的工作表「(圓形圖) 各尺寸 T-shirt 的人數佔比」，將各尺寸 T-shirt 的人數佔比繪製成圓形圖。

參考結果

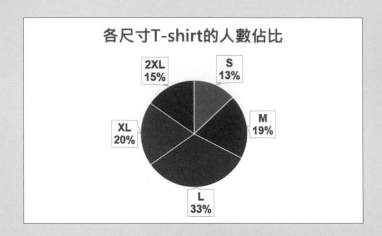

(3) 建立一張新的工作表「（散佈圖）胸寬和肩寬的相關性」，使用
散佈圖以胸寬為橫軸、肩寬為縱軸，繪製出胸寬和肩寬之間的
相關性。

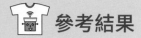 調整橫軸和縱軸的最小值、最大值，讓所有資料點可以充分呈現

 參考結果

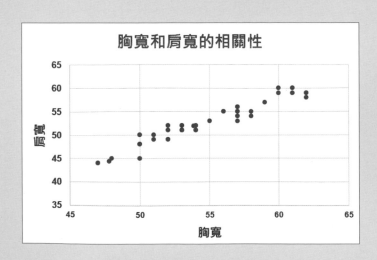

memo

學習🗼地圖

註：閱讀本章內容時，可隨時翻回本頁對照，掌握學習脈絡喔！⚓

探索性
資料分析

0

請問這隻企鵝
是哪一個品種？

資料科學~
不過就是問個感興趣的問題

感興趣
的問題

企鵝資料集

1

刪除不必要的行(欄)資料

刪除重複值或異常值

缺失值的補值或刪除

資料清理

資料
取得

文字轉數值

VLOOKUP( )

資料轉換

2

以相同品種的平均身長
和平均重量補缺失值

IF( ) + ISBLANK( ) + AVERAGEIF( )

資料
處理

資料視覺化

統計分析

3

探索性
資料分析

各品種重量分佈

● 計算資料筆數 COUNTA( )

● 計算平均值 AVERAGE( )

● 找出最大值 MAX()

● 找出最小值 MIN( )

各品種身長分佈

4

取得特徵

機器學習
做資料分析

各品種企鵝身長和重量的分佈

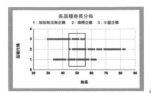

身長和重量是未來
建立機器學習模型
重要的特徵！

第 4 章
資料科學的探索性分析

一次成功的「資料科學」旅程，通常會從一個感到
興趣的問題開始，透過如下頁圖的資料科學步驟，
先取得資料，再對資料進行處理及分析，進而取得
問題的可能答案。

▲ 資料科學的步驟

　　歷經前面介紹資料科學的資料取得和資料處理（含清理、轉換等）兩大步驟之後，接下來就可以透過「探索性資料分析（Exploratory Data Analysis)」進一步發掘隱藏在資料之中的秘密。進行複雜或嚴謹的分析之前，必須要對資料有更多認識，才能訂定「對」的分析方向，最後得到「有用」的結論。

4-1　問個感興趣的問題 (以可愛的企鵝為例)

　　可愛的企鵝是大家都喜愛的動物，目前已知全世界的企鵝約有近 20 種，大多分布在南極地區，只有少部分生活在熱帶，不同品種的企鵝不論是外觀、分布區域或者是生活習性都不一樣。看到這些身型圓胖的可愛動物，是否能夠立馬分辨出是屬於哪一品種的企鵝呢？

加拉帕戈斯企鵝　　　　　南極企鵝　　　　　　小藍企鵝

▲ 不同品種可愛的企鵝

圖片來源：

https://zh.wikipedia.org/wiki/ 加拉帕戈斯企鵝 #/media/File:Galapagos_penguin_
(Spheniscus_mendiculus) _-Isabela2.jpg
https://zh.wikipedia.org/wiki/ 小藍企鵝 #/media/File:Eudyptula_minor_Bruny_1.jpg
https://zh.wikipedia.org/wiki/ 南極企鵝 #/media/File:Chlnstrap_Penguin.jpg

　　Alice 是標準的企鵝迷，夢想有一天能夠到南極去看企鵝。趁著假期和同學到動物園企鵝館，期待跟這些可愛的傢伙們能有個近距離的接觸。企鵝館內有不同品種的可愛企鵝，依據自己平日搜集到的資料，再加上現場實地的觀察，是不是就可以判別是哪一品種的企鵝呢？

4-2　資料取得：認識企鵝資料集

0 感興趣的問題　1 資料取得　2 資料處理　3 探索性資料分析　4 機器學習做資料分析

　　資料取得可以說是資料科學首要的步驟，例如：想要探究「隨手拍下野鳥照片就能立即顯示該鳥類的特性資料」的問題，得事先準備各種鳥類相關的圖片，從照片中擷取分析出每種鳥類的身長、腳長、羽毛顏色等資料。圖片的來源可以是自行拍攝，也可以在符合智慧財產權規範下從現有的書本翻拍或網站圖庫下載等。假設我們已取得企鵝資料集（如：身長、體重、品種等），並且儲存在自己的硬碟中。

　　接著將介紹如何使用企鵝資料集（Dataset）進行資料的探索性分析，看看是否能從一堆資料中找到隱藏於其中讓人感到有趣和有用的資訊。

　　首先開啟「Ch04-企鵝資料料集」，觀察資料集中每一個欄位所包含的資料。

　　我們取得的企鵝資料筆數為 251 筆，有 7 個欄位，欄位資料說明如下表。

▼「企鵝資料集」工作表欄位資料說明

欄位名稱	說明
❶ 編號	1~251（共 251 筆資料）
❷ 身長	單位「公分」
❸ 重量	單位「公克」
❹ 品種	加拉帕戈斯企鵝、南極企鵝、小藍企鵝等 3 個品種
❺ 學名	• Spheniscus mendiculus（加拉帕戈斯企鵝） • Pygoscelis antarcticus（南極企鵝） • Eudyptula minor（小藍企鵝）
❻ 觀察員	Janet、Elbert、Antisthenes 等 7 個觀察員
❼ 觀察日期	觀察小組成員進行觀察的日期

4-3 資料處理

　　真實世界的資料常常有不完整、錯誤或者不一致的情形，若是這些數據和品種辨識成功與否有相當密切的關係時，那就得進行資料前處理，以利後續的資料分析。

4-3-1　由列資料瞭解資料集

　　從工作表的第一列可以看出第 1 筆記錄包含如下的內容：

- 身長：45

- 重量：2847

- 品種：加拉帕戈斯企鵝

- 學名：Spheniscus mendiculus

- 觀察員：Janet

- 觀察日期：1990/9/19

	A	B	C	D	E	F	G
1	編號	身長	重量	品種	學名	觀察員	觀察日期
2	1	45	2847	加拉帕戈斯企鵝	Spheniscus mendiculus	Janet	1990/9/19
3	2	53	3625	南極企鵝	Pygoscelis antarcticus	Elbert	1991/6/21
4	3	83	3600	南極企鵝	Pygoscelis antarcticus	Janet	1991/3/17
5	4	72	3282	南極企鵝	Pygoscelis antarcticus	Antisthenes	1991/3/25
6	5	64	3289	南極企鵝	Pygoscelis antarcticus	Elbert	1991/3/18
7	6	52	3014	加拉帕戈斯企鵝	Spheniscus mendiculus	Raymond	1991/6/22

 ## 4-3-2　瞭解行資料的標題與資料型別

檢視各行資料的欄位名稱及資料型別（整數、浮點數、字串等），資料表中共有 251 筆（列）資料，每一筆記錄分別有 7 個行（欄位）資料。

數值　　　　　　　　　文字　　　　　　日期

	A	B	C	D	E	F	G
1	編號	身長	重量	品種	學名	觀察員	觀察日期
2	1	45	2847	加拉帕戈斯企鵝	Spheniscus mendiculus	Janet	1990/9/19
3	2	53	3625	南極企鵝	Pygoscelis antarcticus	Elbert	1991/6/21
4	3	83	3600	南極企鵝	Pygoscelis antarcticus	Janet	1991/3/17
5	4	72	3282	南極企鵝	Pygoscelis antarcticus	Antisthenes	1991/3/25
6	5	64	3289	南極企鵝	Pygoscelis antarcticus	Elbert	1991/3/18
7	6	52	3014	加拉帕戈斯企鵝	Spheniscus mendiculus	Raymond	1991/6/22
8	7	54	1858	加拉帕戈斯企鵝	Spheniscus mendiculus	Raymond	1990/9/7
9	8	39	2743	加拉帕戈斯企鵝	Spheniscus mendiculus	Janet	1990/9/26
10	9	70	4588	南極企鵝	Pygoscelis antarcticus	Charpentier	1990/12/24
11	10	71	4531	南極企鵝	Pygoscelis antarcticus	Janet	1991/3/15
12	11	77	4562	南極企鵝	Pygoscelis antarcticus	Charpentier	1991/6/28
13	12	75	3764	南極企鵝	Pygoscelis antarcticus	Alisha	1990/12/29
14	13	79	4868	南極企鵝	Pygoscelis antarcticus	Bannier	1991/6/16
15	14	51	1153	小藍企鵝	Eudyptula minor	Charpentier	1991/6/19
16	15	39	2713	加拉帕戈斯企鵝	Spheniscus mendiculus	Elbert	1990/12/1

 ## 4-3-3　資料清理

實作　刪除不必要的行（欄）資料

原始資料集中可能會包含在分析過程中不會用到的欄位，因此可以刪除後簡化資料集，提昇資料處理的效率。

01 刪除資料：選取「E（學名）～ G（觀察日期）」欄，按滑鼠右鍵選取『刪除』。

02 所選取的 3 欄資料將會全部被刪除。

▲	A	B	C	D	E	F	G
1	編號	身長	重量	品種	學名	觀察員	觀察日期
2	1	45	2847	加拉帕戈斯企鵝	Spheniscus mendiculus	Janet	1990/9/19
3	2	53	3625	南極企鵝	Pygoscelis antarcticus	Elbert	1991/6/21
4	3	83	3600	南極企鵝	Pygoscelis antarcticu		7
5	4	72	3282	南極企鵝	Pygoscelis antarcticu		5
6	5	64	3289	南極企鵝	Pygoscelis antarcticu	Elbert	1991/3/18
7	6	52	3014	加拉帕戈斯企鵝	Spheniscus mendicu		1991/6/22
8	7	54	1858	加拉帕戈斯企鵝	Spheniscus mendicu		1990/9/7
9	8	39	2743	加拉帕戈斯企鵝	Spheniscus mendicu		1990/9/26
10	9	70	4588	南極企鵝	Pygoscelis antarcticu		1990/12/24
11	10	71	4531	南極企鵝	Pygoscelis antarcticu		1991/3/15
12	11	77	4562	南極企鵝	Pygoscelis antarcticu		1991/6/28
13	12	75	3764	南極企鵝	Pygoscelis antarctic		1990/12/29
14	13	79	4865	南極企鵝	Pygoscelis antarcticu		16
15	14	51	1153	小藍企鵝	Eudyptula minor		9
16	15	38	2713	加拉帕戈斯企鵝	Spheniscus mendicu		

刪除不必要的資料

實作　刪除重複值或異常值

刪除重複值是為了保留能識別的唯一鍵值，而異常值通常指的就是處於特定分佈區域或範圍之外的資料。

01 檢視原始資料：將滑鼠移至工作表的最後一列，如下圖在儲存格「A255」中輸入「=COUNTA(A2:A252)」，計算共包含了多少筆記錄。再使用拖曳填滿的方式將「A255」中的內容複製到「A255:D255」。仔細觀察最後一列的統計資料，發現了「身長」和「重量」分別少了幾筆的記錄，但還有一個疑問：「251 筆記錄中有沒有重複的呢？」

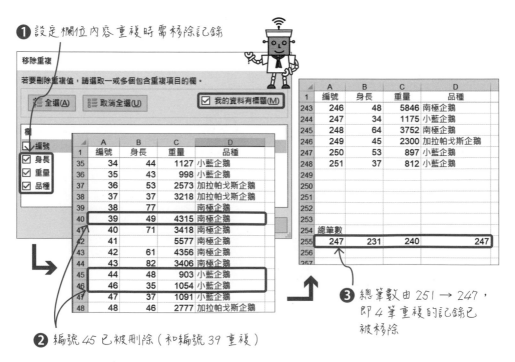

重量缺失值

	A	B	C	D
	編號	身長	重量	品種

所有資料　少14筆　少7筆　　　　重複資料

02 移除重複記錄：先點選任一個有資料的儲存格，再選取『資料／移除重複』，在「移除重複」對話方塊中勾選「我的資料有標題」、「身長～品種」，移除資料表中重複的記錄（共 4 筆）。

❶ 設定欄位內容重複時需移除記錄

移除重複

若要刪除重複值，請選取一或多個包含重複項目的欄。

☰ 全選(A)　☰ 取消全選(U)　　☑ 我的資料有標題(M)

欄
- ☐ 編號
- ☑ 身長
- ☑ 重量
- ☑ 品種

❷ 編號45已被刪除（和編號39重複）

❸ 總筆數由 251 → 247，即 4 筆重複的記錄已被移除

4-8

缺失值的補值或刪除

缺失值容易影響資料分析時的完整性和準確性，若資料表中有缺少資料的部份，可進行補值的動作以減少統計結果出現太大的誤差。如果無法補值，則可以考慮刪除這筆記錄或用平均數（或眾數）來取代。

當資料表有缺失值時，通常會採用下列三種方式進行處理：

- 移除有缺失值的列 (row)。

- 移除有缺失值的行 (column)。

- 填補有缺失值的儲存格。

由資料表中可看出企鵝資料集的原始資料並不完整，部分的儲存格有缺失值，因此我們需要補上適當的值，這個值可以是統計上的平均數、中位數、眾數、亂數等。在本例採用的是以所有記錄相同品種的平均身長和平均重量做為身長以及重量二個欄位中缺失值的補值。

01 計算相同品種的平均身長：填補有缺失值的儲存格（「身長」或「重量」為空白），針對身長是「空白」的儲存格，本例中採用相同品種的平均身長來補上缺失值。在儲存格「E2」中輸入「=IF(ISBLANK(B2)，AVERAGEIF($D$2:$D$248,D2,$B$2:$B$248)，B2)」，使用拖曳填滿的方式將「E2」中的內容複製到「E2:E248」。

	A	B	C	D	E	F	G
E2		fx	=IF(ISBLANK(B2),AVERAGEIF($D$2:$D$248,D2,$B$2:$B$248),B2)				
1	編號	身長	重量	品種			
2	1	45	2847	加拉帕戈斯企鵝	45		
3	2	53	3625	南極企鵝			
4	3	83	3600	南極企鵝			
5	4	72	3282	南極企鵝			
6	5	64	3289	南極企鵝			
7	6	52	3014	加拉帕戈斯企鵝			
8	7						
9	8						
10							

相同品種的平均身長：
=IF(ISBLANK(B2), AVERAGEIF($D$2:$D$248,D2,$B$2:$B$248), B2)

02 填補身長缺失值：複製儲存格「E2:E248」的內容，再以『貼上選項／值』的方式將值貼至儲存格「B2:B248」(即身長)。「身長」欄位中空白的部份便會以相同品種的平均身長補上空值。

『貼上選項／值』

	A	B	C	D	E	F
1	編號	身長	重量	品種		
53	53	35	3242	加拉帕戈斯企鵝	35	
54	54	61	4073	南極企鵝	61	
55	55	75	3922	南極企鵝	75	
56	56	48.2987	842	加拉帕戈斯企鵝	48.2987013	
57	57	33	1227	小藍企鵝	33	
58	59	64.2338	5846	南極企鵝	64.2337662	
59	60	46	2800	加拉帕戈斯企鵝	46	
60	61	51	806	小藍企鵝	51	
61	62	64.2338	4379	南極企鵝	64.2337662	
62	63	48	2152	加拉帕戈斯企鵝	48	
63	64	59	4877	南極企鵝	59	
64	65	54	2327	加拉帕戈斯企鵝	54	
65	66	48.2987	2226	加拉帕戈斯企鵝	48.2987013	
66	67	35	2453	加拉帕戈斯企鵝	35	
67	68	48	4043	南極企鵝	48	
68	69	50	2820	加拉帕戈斯企鵝	50	
	71	34	1052	加拉帕斯企鵝	34	

以同品種的平均身長補值

03 填補重量缺失值：使用相同的方式將儲存格「C2:C248」(即重量) 空白的部份以相同品種的平均重量補上空值。

相同品種的平均重量：
=IF(ISBLANK(C91), AVERAGEIF($D$2:$D$248,D91,$C$2:$C$248), C91)

E91　　fx　=IF(ISBLANK(C91),AVERAGEIF($D$2:$D$248,D91,$C$2:$C$248),C91)

	A	B	C	D	E	F	G
1	編號	身長	重量	品種			
88	91	46	3011	加拉帕戈斯企鵝	3011		
89	92	50	5546	南極企鵝	5546		
90	93	79	3425	南極企鵝	3425		
91	94	52	2332.34	加拉帕戈斯企鵝	2332.34146		
92	95	44	910	小藍企鵝	910		
93	96	39	991.169	小藍企鵝	991.168831		
94	97	60	5285	南極企鵝	5285		
95	98	47	991.169	小藍企鵝	991.168831		
96	99	47	1222	小藍企鵝	1222		
97	100	48.2987	813	加拉帕戈斯企鵝	813		
98	101	48	4250	南極企鵝	4250		
99	102	62	2198	加拉帕戈斯企鵝	2198		
100	103	76	4248	南極企鵝	4248		
101	104	53	4247	南極企鵝	4247		

以同品種的平均重量補值

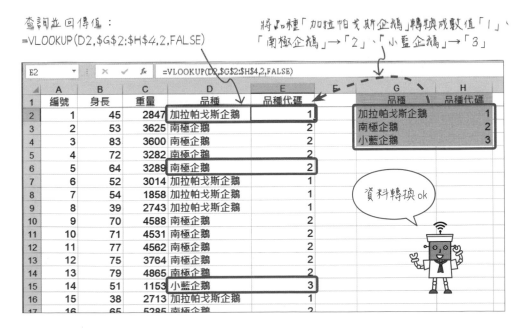

實作　資料轉換

　　使用資料前有時為了因應不同的需求,必須先將原資料轉換成特定的格式。接下來實作將本例「品種」中的「文字」型態轉換成「數值」。

品種	品種代碼
加拉帕戈斯企鵝	1
南極企鵝	2
小藍企鵝	3

01 轉換資料:新增「品種代碼」(E 欄),並在工作表先建立如下儲存格「G2:H4」的對應表。

02 在儲存格「E2」中輸入「=VLOOKUP(D2,$G$2:$H$4,2,FALSE)」,使用拖曳填滿的方式將「E2」中的內容複製到儲存格「E2:E248」。

查詢並回傳值:
=VLOOKUP(D2,$G$2:$H$4,2,FALSE)

將品種「加拉帕戈斯企鵝」轉換成數值「1」、「南極企鵝」→「2」、「小藍企鵝」→「3」

資料轉換ok

4-4 探索性資料分析

經過資料的前處理之後，接著我們試圖找出解答問題所需要的行資料。將資料進行探索性的分析，從繁雜的資料堆中理出一個方向，做為後續機器學習的參考。

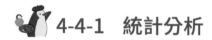 ## 4-4-1 統計分析

此階段需要對每個行 (欄) 資料進行瞭解，想要快速觀察眾多紛雜資料的狀況，可以使用統計數據來加以解析，常見的統計數據有：最大值、最小值、平均等。本例中將聚焦在「身長」、「重量」和「品種」這 3 欄資料來加以探討。

01 身長統計數據：首先新增一張「各欄的統計數據」的工作表，接著在此工作表中使用函數計算各欄位 (以「身長」為例) 相關的統計數據。

(1) 計算資料筆數 (「B3」)：「=COUNTA(' 企鵝資料集 '!B2:B248)」。

(2) 計算平均值 (「B4」)：「=AVERAGE(' 企鵝資料集 '!B2:B248)」。

(3) 找出最小值 (「B5」)：「=MIN (' 企鵝資料集 '!B2:B248)」。

(4) 找出最大值 (「B6」)：「=MAX (' 企鵝資料集 '!B2:B248)」。

02 各欄位的統計數據：使用相同的方式完成下圖的內容。

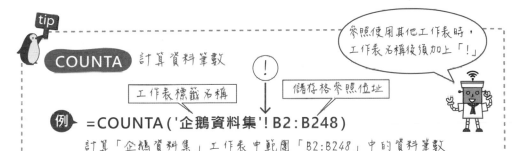

COUNTA 計算資料筆數

工作表標籤名稱　儲存格參照位址

例 =COUNTA('企鵝資料集'! B2:B248)

計算「企鵝資料集」工作表中範圍「B2:B248」中的資料筆數

參照使用其他工作表時，工作表名稱後須加上「!」

MIN 找出最小值

例 =MIN('企鵝資料集'! B2:B248)

找出「企鵝資料集」工作表中範圍「B2:B248」中的最小值

MAX 找出最大值

例 =MAX('企鵝資料集'! B2:B248)

找出「企鵝資料集」工作表中範圍「B2:B248」中的最大值

4-4-2 資料視覺化

　　這 3 種企鵝在外觀上有著顯著的差別，例如：小藍企鵝看起來體型比較小、重量好像也輕了一些。接下來將身長和重量的資料利用「散佈圖」呈現 2 個欄位之間的關聯性，試著探索以下的幾個問題：

- 只使用身長能不能區分出這 3 種企鵝？

- 只使用重量能不能區分出這 3 種企鵝？

- 同時使用身長及重量能不能區分出這 3 種企鵝？

實作　各品種身長分佈

01 繪製身長和品種代碼的散佈圖：首先新增一張「各品種身長分佈」工作表，複製貼上「企鵝資料集」工作表中的「身長」、「品種代碼」和「品種」3 行資料如下圖。

02 選取「身長」和「品種代碼」(「A1:B248」) 後，選取『插入／圖表／XY 散佈圖 』，繪製身長和品種之間的相關性。

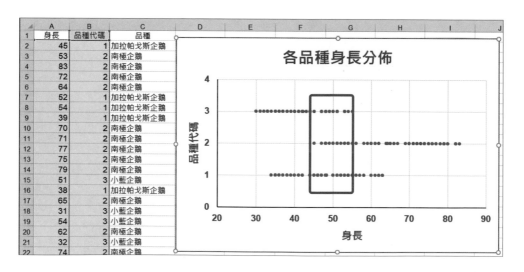

　　觀察上圖可以發現，身長為 50 公分的企鵝無法正確區分是加拉帕戈斯企鵝、南極企鵝和小藍企鵝中的哪一品種。因此「只使用身長是無法完全區分出其中 3 種企鵝」。

加廣 / 知識　**在 Excel 中以不同顏色繪製各群資料的散佈圖**

使用 Excel 繪製 XY 散佈圖時，系統會將同一欄的資料繪成單一顏色，上述的操作方式因為把 3 個品種企鵝的身長都放在同一欄，那就只能呈現出相同的顏色。如果要將不同品種設定成不一樣的色彩，可以採用以下的方法：

1. 利用『資料／排序與篩選／從最小到最大排序 $\frac{A}{Z}\downarrow$ 』，將所有資料依「品種代碼」由小到大排序，這樣可以把相同品種放在一起。

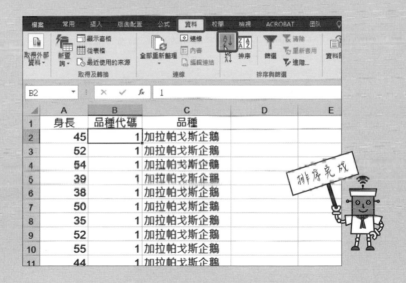

2. 點選工作表上任一個空白的儲存格，選取『插入／圖表／XY 散佈圖 』先繪製一張空白的散佈圖。接著在散佈圖上按滑鼠右鍵選取『選取資料』，由「選取資料來源」對話方塊中按 <kbd>新增(A)</kbd> 鈕。

接下頁

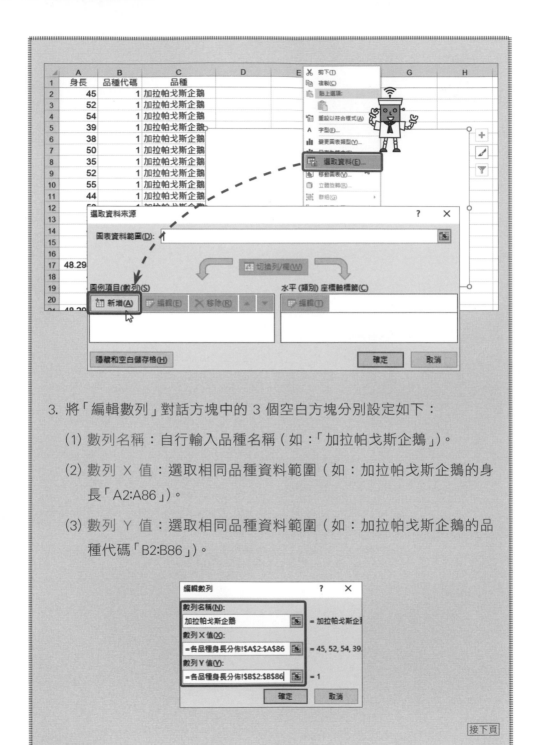

3. 將「編輯數列」對話方塊中的 3 個空白方塊分別設定如下：

(1) 數列名稱：自行輸入品種名稱（如：「加拉帕戈斯企鵝」）。

(2) 數列 X 值：選取相同品種資料範圍（如：加拉帕戈斯企鵝的身長「A2:A86」)。

(3) 數列 Y 值：選取相同品種資料範圍（如：加拉帕戈斯企鵝的品種代碼「B2:B86」)。

接下頁

4. 以相同的方式分別新增其他 2 個品種的資料數列之後，由不同顏色所繪製而成的散佈圖顯示如下。勾選散佈圖右上方的「圖表項目 ➕／圖例」，便可以清楚看出不同顏色所代表的資料數列。

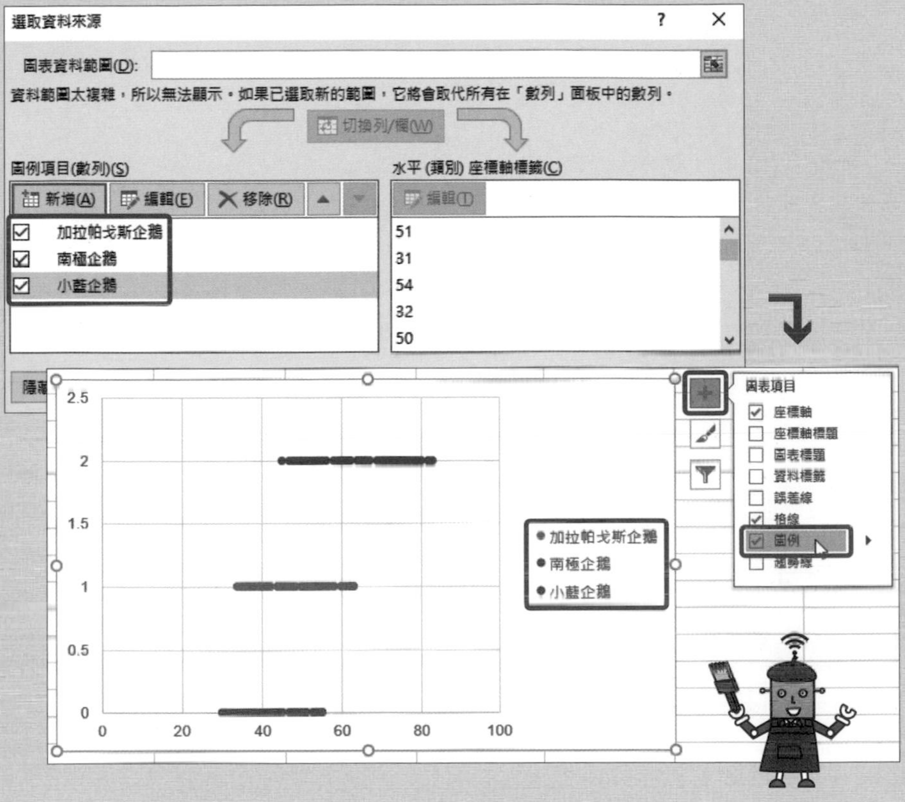

實作 各品種重量分佈

01 繪製重量和品種代碼的散佈圖：新增一張「各品種重量分佈」工作表，複製貼上「企鵝資料集」工作表中的「重量」、「品種代碼」和「品種」3 行資料如下圖。

02 利用「重量」和「品種代碼」(「A1:B248」)」的資料繪製 XY 散佈圖，顯示重量和品種之間的相關性。

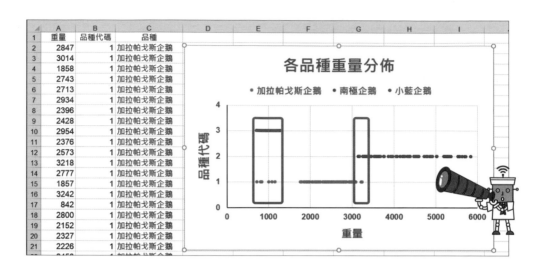

觀察上圖，重量數據有兩處重疊，重量位於這兩個區間的企鵝會無法有效地被分類。因此「只使用重量也無法完全區分出其中 2 種企鵝」。

⯐ 實作 各品種身長和重量分佈

如果同時使用身長、重量這 2 個欄位，不知是否可以得到更佳的效果？以下就從散佈圖所呈現的分佈狀況，觀察企鵝的身長、重量和品種之間的相關性。

01 繪製各品種之身長和重量的散佈圖：新增一張「各品種身長、重量分佈」工作表，複製貼上「企鵝資料集」工作表中的「身長」、「重量」和「品種」3 行資料如下圖。

02 利用「身長」和「重量」(「A1:B248」)」的資料繪製 XY 散佈圖，顯示身長和重量之間的相關性。

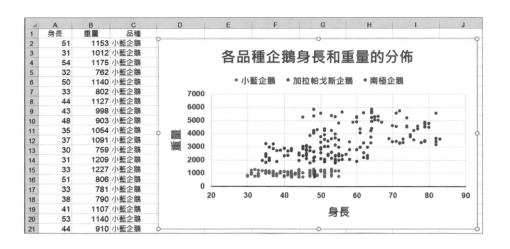

　　觀察上圖可以發現：不同品種之間仍然會有少許重疊的地帶，但在這個範例中，「使用 2 個欄位明顯比單用 1 個時較能判別企鵝的種類」。

4-4-3　由資料間的關聯性找出重要的「特徵」

　　經由觀察統計圖，以身長和重量可以看出 3 個品種的族群狀況。由此可見「身長」和「重量」，都是在未來建立機器學習模型時重要的特徵 (Feature)[註1]。

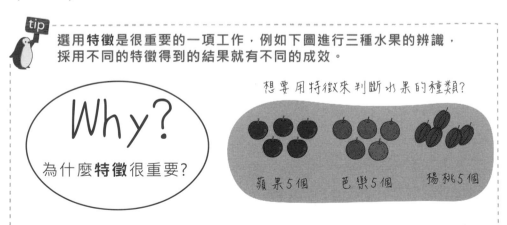

選用特徵是很重要的一項工作，例如下圖進行三種水果的辨識，採用不同的特徵得到的結果就有不同的成效。

註1　特徵 (Feature) 和標籤 (Label) 在機器學習領域中是非常基本而且重要的名詞，在本書稍後的章節中會有更詳細的介紹。

用「顏色」做特徵，
蘋果、楊桃判斷正確，
芭樂則有1個被誤判！

用「形狀」做特徵，
只有楊桃被正確判斷，
蘋果和芭樂各有2個被誤判！

預測分類＼真實數據	🍎	🥭	🟠
🍎	⑤	0	0
🥭	0	⑤	0
🟠	0	①	4

vs.

預測分類＼真實數據	🍎	🥭	🟠
🍎	3	0	②
🥭	0	⑤	0
🟠	②	0	3

想一想

✔ 選用不同的特徵，會得到不同的結果，特徵是不是很重要？

✔ 如果同時採用「顏色」和「形狀」做特徵是不是會更好？

加廣知識　**資料之間是否存在關係？**

一般搜集到的資料中有些欄位對機器學習沒有作用、部分欄位存在著因果關係等，挖掘出其隱藏的意涵可以協助我們尋找到好的特徵。下圖說明王小明的數學成績與其它三個科目成績之間的關聯性。

資料關聯性

假設王小明的數學成績好，其物理成績也相對很好，那我們可以說：
「數學和物理成績呈現正相關」

假設王小明的數學成績好，其國文成績就不好，那我們可以說：
「數學和國文成績呈現負相關」

假設王小明的數學和英文成績之間不能做推論，那我們可以說：
「數學和英文成績呈現無相關」

接下頁

兩個資料之間的關聯性通常會使用 XY 散佈圖來呈現，可以更清楚看出二者是屬於哪一種類型的關聯性。

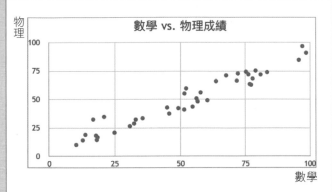

正相關 (+0.97)

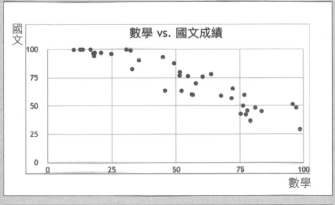

負相關 (-0.92)

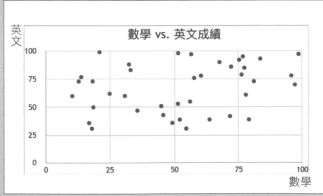

無相關 (0)

本章學習操演（一）

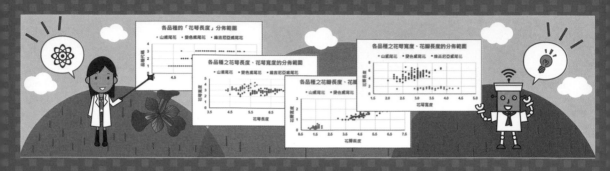

Alice 假日時喜歡和朋友到花市去尋寶，那頭傳來朋友興高采烈的聲音：「Alice，快過來看，這裡有妳喜歡的鳶尾花！很漂亮喔，不知道是什麼品種？」回家後，Alice 決定好好的再進一步探索分析一下 Iris 資料集。她繪製了一些圖表，思考著應該要用哪些資料欄位，才能分辨出鳶尾花的品種？

 演練內容

01 資料取得：開啟「Ch04-Iris」並切換至「Iris 資料集」工作表，檢視原始資料集中的資料筆數（共有 ＿＿＿＿＿＿＿＿＿ 筆），以及所包含的欄位名稱和內容。

02 資料處理：新增「品種代碼」(G 欄)，將品種 (F 欄) 中的資料轉換成品種代碼，轉換的規則為：「山鳶尾花：1、變色鳶尾花：2、維吉尼亞鳶尾花：3」。

提示❓ 資料轉換：VLOOKUP() 函數

03 探索性資料分析：

(1) 切換至「數據分析」工作表，計算「Iris 資料集」工作表中各欄位的平均值、最小值和最大值。

 平均值：AVERAGE() 函數
最小值：MIN() 函數
最大值：MAX() 函數

(2) 建立一張新的工作表「各品種單一欄位的分佈」，以散佈圖分別繪製鳶尾花各品種的花萼長度、花萼寬度、花瓣長度、花瓣寬度的分佈情形，分析一下是否可以從單一欄位分辨出鳶尾花的品種。若無法正確辨識，可能會是什麼原因呢？

 調整橫軸和縱軸的最小值、最大值，讓所有資料點可以充分呈現

參考結果

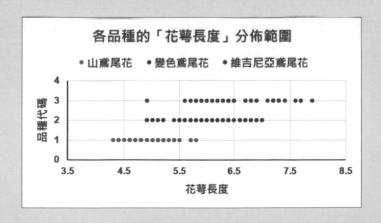

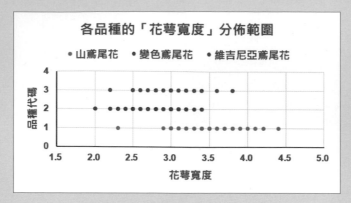

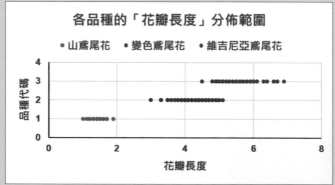

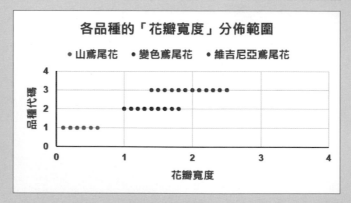

(3) 建立一張新的工作表「各品種兩兩欄位的分佈」，使用散佈圖繪製各品種花萼長度及花萼寬度的分佈情形，分析是否可由散佈圖分辨鳶尾花的品種。

提示　調整橫軸和縱軸的最小值、最大值，讓所有資料點可以充分呈現

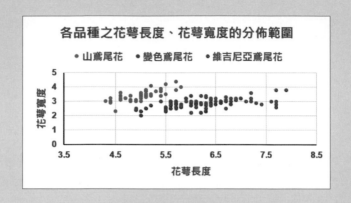

(4) 同上,使用散佈圖繪製並觀察鳶尾花 4 種欄位花萼長度、花萼寬度、花瓣長度、花瓣寬度兩兩欄位的各品種分佈狀況,並思考是否可以使用 2 種欄位分辨鳶尾花的品種。

 提示 調整橫軸和縱軸的最小值、最大值,讓所有資料點可以充分呈現

 參考結果

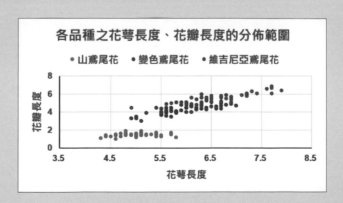

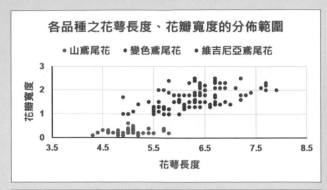

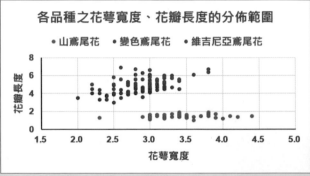

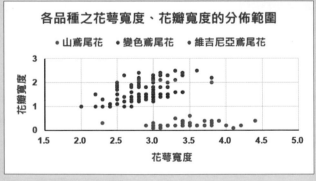

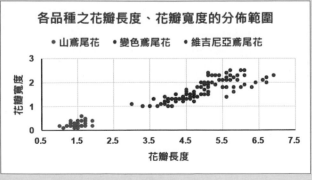

本章學習操演（二）

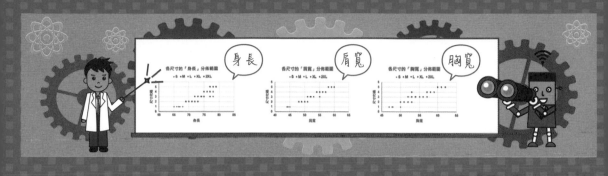

Bob 最近在網路上認識了一些志同道合的朋友，他們常利用視訊進行創業的經驗分享。這天他覺得靈感特別好，決定針對 T-shirt 資料集做進一步的探索分析，並將資料視覺化，繪製各類圖表，準備於下一回會議時提出來和大家一起討論。

演練內容

01 資料取得：開啟「Ch04-T-shirt」並切換至「T-shirt 資料集」工作表，檢視原始資料集中的資料筆數（共有 _____ 筆），以及所包含的欄位名稱和內容。

02 資料處理：

(1) 新增「尺寸代碼」(F 欄)，將尺寸 (E 欄) 中的資料轉換成尺寸代碼，轉換的規則為：「S：1、M：2、L：3、XL：4、2XL：5」。

 提示 資料轉換：VLOOKUP() 函數

(2) 依尺寸代碼由小到大排列，方便接下來製作相關的統計圖表。

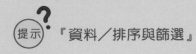

提示　『資料／排序與篩選』

03 探索性資料分析：

(1) 切換至「數據分析」工作表，計算「T-shirt 資料集」工作表中各
欄位的平均值、最小值和最大值。

提示　平均值：AVERAGE() 函數
　　　最小值：MIN() 函數
　　　最大值：MAX() 函數

(2) 建立一張新的工作表「各尺寸單一欄位的分佈」，以散佈圖分別
繪製 T-shirt 各種尺寸的身長、胸寬、肩寬的分佈情形，分析
一下是否可以從單一欄位找到適合的 T-shirt 尺寸。若無法找
到，可能會是什麼原因呢？

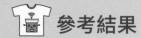

提示　調整橫軸和縱軸的最小值、最大值，讓所有資料點可以充分呈現

參考結果

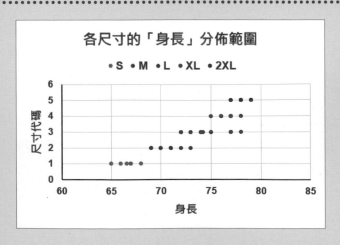

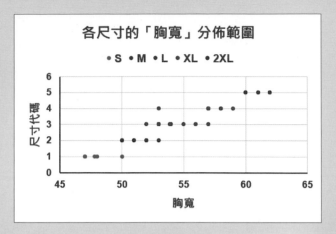

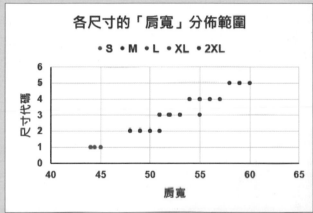

(3) 建立一張新的工作表「各尺寸兩兩欄位的分佈」，使用散佈圖繪製並觀察 T-shirt 三種欄位身長、胸寬、肩寬兩兩欄位的各尺寸分佈狀況，並思考是否可以使用兩種欄位找到適合的 T-shirt 尺寸。

 調整橫軸和縱軸的最小值、最大值，讓所有資料點可以充分呈現

參考結果

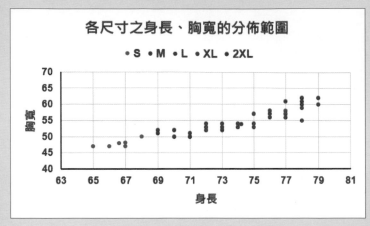

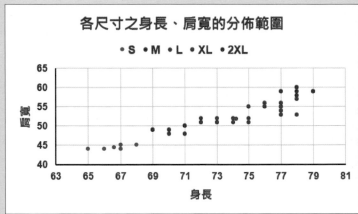

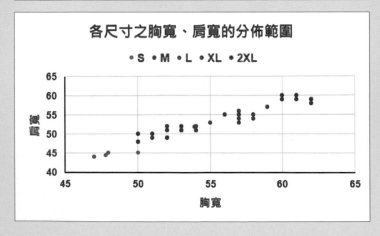

memo

機器學習

夢想電腦是可以從經驗
中學習的機器！

電腦可從歷史資料中，
學習一套技能！

電腦可從巨量資料中，
自己學習一套好的技能！

**人工智慧
的演進**

| 1950年代
人工智慧 |

| 1980年代
機器學習 |

2010年代
深度學習

當評估結果不好時，
重新挑選模型，再次訓練！

重來！

**機器學習
實作步驟**

挑選
模型 → 學習
訓練 → 測試
評估 → 決定
模型 → 進行
預測

深度學習

機器學習
演算法 ---- 線性迴歸
(趨勢預測) ---- KNN
(分類) ---- k-means
(分群) ---- MLP
(分類)

特徵值 + 標籤

**機器學習
的種類**

監督式學習 ● 提供資料與解答的學習方式

只有特徵值

非監督式學習 ● 只提供資料、不提供解答的學習方式

加權總和 + 偏量
$X1 \times w1 + X2 \times w2 + b$

激活函數 =IF(E8>F2,0,1)

感知器
模型

**深度
學習**

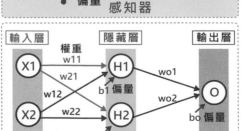

輸入　權重
身長 X1　w1
　　　w2
重量 X2
　　　b
　　　偏量
　　　sum
　Σ　f()
　H
輸出
y
0、1
感知器

MLP
多層感知器

每個感知器
就像一個神經元

輸入層　權重　隱藏層　輸出層
X1　w11 → H1　wo1
　　w21
　　w12　b1 偏量
X2　w22 → H2　wo2
　　　　　b2
　　　　　　　　O
　　　　　　　bo 偏量

第 5 章

資料科學 Level UP！
認識機器學習演算法

機器學習 (Machine Learning) 已廣泛應用在如：人工智慧、大數據分析等不同的領域。30 年前，資料處理是當時最多人爭相學習的資訊技能，如今，運用機器學習技術做資料分析則將是現在和未來不可或缺的資訊能力。

5-1　機器學習的概念

機器學習就是使用電腦（即機器），透過機器學習演算法的分析技巧，從大量及紛雜的原始資料中找出隱藏的規則性和關聯，也就是建立出模型 (Model)，利用這個模型就能做趨勢預測、分類或分群預測等。

5-1-1　人工智慧的演進

人工智慧領域中大家很常聽到「機器學習」、「深度學習」這些名詞，究竟它們之間有何關聯呢？下頁的圖就可以用來說明人工智慧的內涵與演進。

- 人工智慧 (Artificial Intelligence, AI)：是一個期待的目標，而不是具體的方法。例如：期望電腦或機器能夠完成具有人類智慧才能達成的事情。

- 機器學習 (Machine Learning, ML)：用來實踐人工智慧的演算法。簡單來說，就是讓機器能自動學習，從人工給予的資料中找到規則，進而擁有預測、分類等能力。

- 深度學習 (Deep Learning, DL)：機器學習的一個分支，主要是用來訓練能力更強的模型，使機器學習的效果能更好，提高準確度。

人工智慧的演進

人工智慧
1950年代

夢想
電腦是可從經驗中學習的機器

人類能輕易辨識貓，但是不知如何訓練電腦學習辨識貓。

未來的AI可以模擬人類智慧
數學比較簡單！
這是什麼動物呢?
我不知道！好難！

機器學習
1980年代

電腦可從歷史資料中，學習一套技能！

人類用貓的特徵值來訓練電腦學習辨識貓，但是辨識率不佳。

貓特徵是尖耳朵、有鬍子…
Cat
還是分不太清楚！

深度學習
2010年代

電腦可從巨量資料中，自己學習一套好的技能！

引用大量資料來訓練電腦提升學習效果，使得辨識率達到人類的水準。

自我學習
Big Data
巨量資料
有二隻是貓!
不錯喔！給你按個讚！

5-1-2　什麼是機器學習

　　電腦科學家累積數十年的經驗找到一些演算法，企圖透過人類給予的資料進行「訓練」，也就是讓電腦自行學會一套技能或規則，訓練完成後會產生「模型 (Model)」，這個過程就稱為「機器學習」，如下圖 (a) 所示。

　　我們可以把模型想成是 $y = f(x)$，這個方程式通常很複雜，但是只要代入 x，就能得到 y。例如：輸入一張貓 (x) 的照片到模型 $f(x)$ 中，模型會輸出（識別）這是「貓」的答案 y，如下圖 (b) 所示。

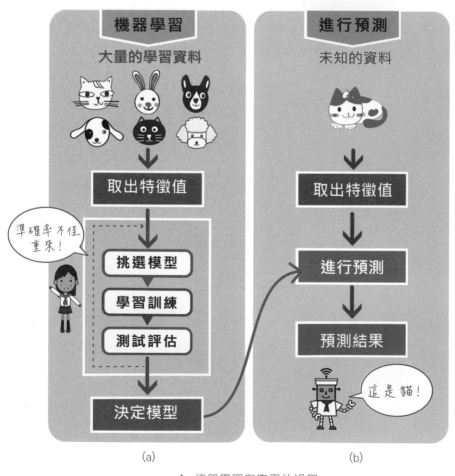

(a)　　　　　　　　　　(b)

▲ 機器學習與應用的過程

　　機器學習的「學習」是什麼意思呢？舉個簡單的例子：假設我們的模型長得就是「$y = m \times X + b$」，打算用一條直線表示對貓狗做分類，概念如下圖。

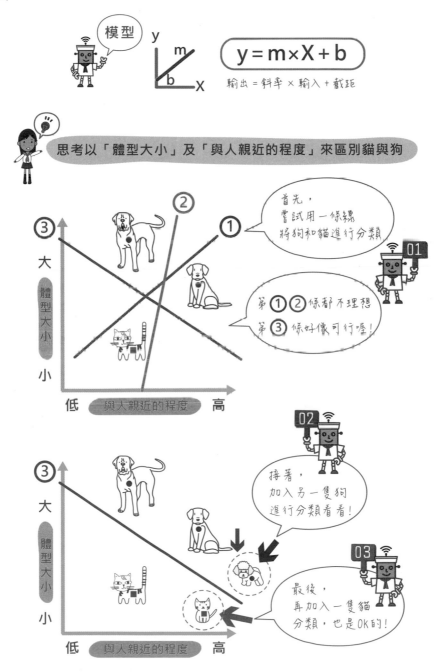

一開始，我們並不知道 m 和 b 的值應該選多少才好，需要經過多次的嘗試，透過修改斜率 m 及截距 b 來改變直線，再經過「測試」(Test) 與「評估」(Evaluation)。整個過程就是一次的「學習」，也就是「訓練」。像初生的嬰兒一樣，需要一次又一次累積經驗及能力之後，才有辦法順利的解決問題。

重複的學習（訓練）就能找到更好的 m 及 b 值，一旦決定 m 和 b 的值之後，模型就完成訓練，未來有新資料 X 時，我們就可以輸入到模型中，輸出預測結果 y。

機器學習是從特徵 (Feature) 跟標籤 (Label) 來進行學習，通常特徵可能不只有一種，例如：鞋店老闆想利用顧客的性別、身高及體重來預測適合的鞋子尺寸，做為推薦鞋號的參考，這時就會有三個特徵，分別是「性別代碼 (X1)」、「身高 (X2)」及「體重 (X3)」，而「鞋子尺寸 (y)」就是標籤，那麼我們可以假設機器學習模型為：

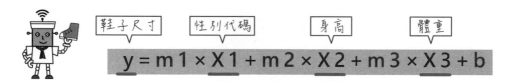

當有新資料 X1、X2、X3 時，我們就能將之輸入到模型中，得到輸出的預測結果 y。

5-1-3　機器學習的實作步驟

機器學習通常負責進階的資料分析任務，也就是在探索性資料分析之後，進行推估的分析。學習的過程包含如下圖中的挑選模型、學習訓練、測試評估等步驟。在本書的實作演練上，我們把機器學習實作步驟細分成如圖中的挑選模型、學習訓練、及決定模型[註1]，然後再進行預測。

註1　因篇幅所限，本書的實作省略「測試評估」。

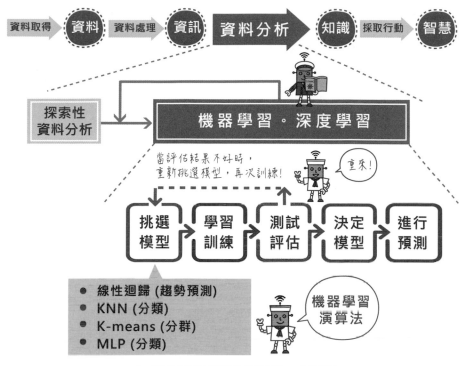

▲ 機器學習屬於資料科學的一個過程

挑選模型

首先問個感興趣的問題，再根據問題類型來挑選模型。例如：以下三個問題應該採用不同的模型。

問題 A	飲料店老闆能不能以當日的最高氣溫分析出當天冰品的銷售量？
問題 B	企鵝迷能不能由企鵝的身長及重量分辨出企鵝的品種呢？
問題 C	在公園內撿到許多枯葉，能不能分析出它們屬於「幾群」中的哪一群植物呢？

學習訓練

由取得的「訓練用資料」中取出特徵值及標籤，交給模型做為訓練之用，這裡的標籤是指問題的解答。如下表就是上述三個問題的特徵及標籤。

▼ 問題的特徵及標籤

問題	特徵	標籤
問題 A	• 氣溫	銷售量
問題 B	• 身長 • 重量	品種
問題 C	• 葉長 • 葉寬	無

所謂的「訓練」就好像平時研讀考古題，機器學習用的資料集通常會分為兩堆，一堆稱為「訓練用資料 (Training Data)」（如：用考古題來做為學習教材），另一堆稱為「測試用資料 (Test Data)」（如：做為模擬考試卷用來檢測學習成果）。

測試評估

由取得的「測試用資料」中取出特徵及標籤，交給模型做為測試評估之用，如果準確性不佳，則再重複學習訓練的步驟。就好像當模擬考試考得不理想時，就回頭重新再學習一次。

決定模型

沒有學習過的模型就像是學齡前的幼童，缺少足夠的經驗和能力。通過測試評估之後，確定模型的準確性在可被接受的範圍時，模型才能算是建立完成，並且可以拿來使用。

進行預測

此階段開始正式上場實戰，輸入新的資料給模型，模型會輸出預測的答案。需要注意的是，重複輸入相同的資料，通常輸出的預測答案會相同，但也是會有例外，畢竟機器學習的準確率並不是百分百[註2]。

註2　往往達到 80% 到 90% 以上的準確率就視為可接受。

5-1-4 監督式與非監督式學習

簡單來說,提供資料與解答的學習方式稱為監督式學習 (Supervised Learning);只提供資料、不提供解答的學習方式則稱為非監督式學習 (Unsupervised Learning),如下圖所示。

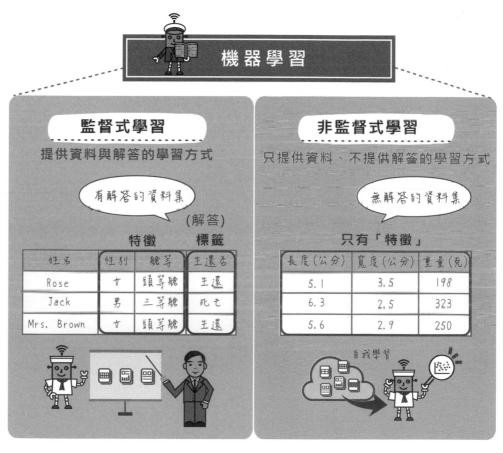

▲ 監督式學習與非監督式學習

5-2　常見的機器學習演算法

資料分析是資料科學領域中最核心的工作，目前常用機器學習來進行資料分析。下表所列是機器學習領域常見的三種類型。

▼ 機器學習領域常見的類型

類型	線性迴歸分析	分類	分群
目的	趨勢預測分析	類別或等級的識別	類別或等級的區別
功能	連續資料 預測數值為多少	非連續資料 負責識別出哪一種	非連續資料 負責區別出有幾群
學習方式	提供解答（標籤）	提供解答（標籤）	沒有解答（標籤）
應用	• 下次考試成績會得幾分 • 預測活動參加人數 • 最高氣溫預測冰品銷售量 • 最高氣溫與尖峰用電量 • 下一季的銷售額有多少 • 投入廣告費與銷售額	• 哪一個品種：依花的長寬分類 • 鐵達尼號船難者是否生還：依性別及艙等分類 • 判別心血管疾病高危險群 • 貓狗的識別 • 人臉、車牌等識別	• 班上同學分為跑得快跟跑得慢：依百米賽跑的秒數及身體的體脂肪率 • 哪些植物屬於相同的品種：依花的長寬分群 • 哪些動物屬於相同的品種：依體重及身長分群 • 哪些觀眾喜歡同一種類型的音樂或電影
常見的演算法	線性迴歸分析 複迴歸分析	**機器學習** • K- 最近鄰居法 (KNN) • 決策樹 (Decision tree) • 隨機森林 (Random forest) • 支援向量機 (SVM) **深度學習** • 多層感知器 (MLP) • 卷積神經網路 (CNN)	K- 平均法 (K-means)

5-2-1 線性迴歸

　　日常生活中有許多情況透過觀察後，可以歸納出其中的發展趨勢，再依此做趨勢分析，對後續可能的結果做更進一步的預測。例如：由明天的氣溫可以推測熱珍奶的銷售量、由產品廣告時數推測可能的銷售量等。

　　趨勢預測可以使用統計學工具中的「迴歸分析」(Regression Analysis)，本書將介紹其中最簡單的線性迴歸 (Linear Regression)。線性迴歸乍聽之下很困難，其實只是在座標上畫出一條直線，而這條直線可以代表資料點的變化趨勢。

　　下圖中，把線性迴歸模型想像成黑盒子，既使不知道它的內部如何運作，但是只要輸入氣溫，它就能輸出預測的銷售量。

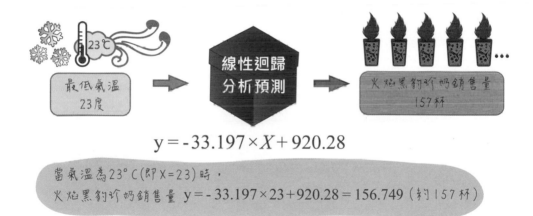

$$y = -33.197 \times X + 920.28$$

當氣溫為23°C(即X=23)時，
火焰黑豹珍奶銷售量 $y = -33.197 \times 23 + 920.28 = 156.749$（約157杯）

▲ 線性迴歸模型的應用

　　試算表軟體中也有提供線性迴歸的功能，如下圖利用冬季連續 20 天的氣溫及火焰黑豹珍奶銷售量計算得到「$y = -33.197 \times x + 920.28$」的趨勢線。以此線就可預測出當氣溫為 23°C (即 x=23 時)，火焰黑豹珍奶銷售量 $y = -33.197 \times 23 + 920.28 = 156.749$，約為 157 杯。

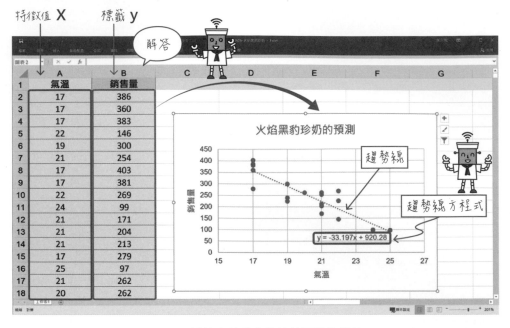

▲ 試算表軟體上的線性迴歸趨勢線

5-2-2　KNN (K- 最近鄰居法) 做分類

分類 (Classification) 就是把資料分成很多由我們事先定義好的種類，例如：想分辨一張照片是貓或者是狗，最後的答案只能是這兩種之中的其中一種。在這個例子裡，貓和狗就稱為標籤 (Label)，是我們在資料集中事先定義好的類型。

KNN (K Nearest Neighbor，K- 最近鄰居法) 是分類常用的演算法，顧名思義就是找「最近的 k 個鄰居」。KNN 分類演算法運作的目標在於找出和資料最鄰近 (距離最近) 的 k 個點，並透過「多數決」(出現最多次的類別) 方式決定該點屬於哪一類。

例如有一籃的蘋果和洋梨，依分別測量個別的鮮紅度和甘甜度，並繪製成散佈圖，接著分別以 k=5 及 k=9 來進行分類的預測，其中兩個資料點之間的距離可利用距離公式進行計算。

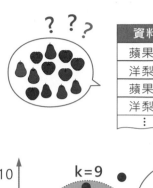

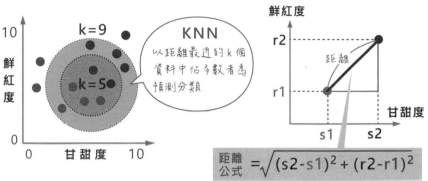

讓我們看看另一個例子，下圖中利用 KNN 模型分類及識別鳶尾花的類別，我們找到最近的 6 個鄰居 (k=6)，發現有 3 個點是「維吉尼亞鳶尾」、2 個點是「雙色鳶尾」、1 個點是「山鳶尾」，那麼 KNN 就會預測新資料點的分類是「維吉尼亞鳶尾」。

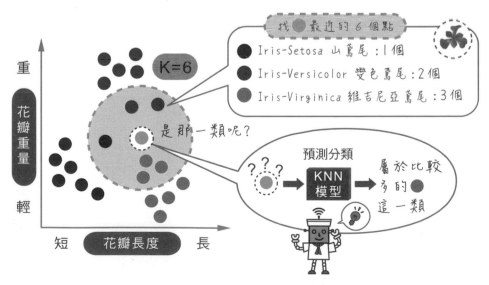

▲ 利用 KNN 模型分類及識別鳶尾花的類別

運用試算表提供的公式函數可以達成以 KNN 模型進行分類的概念，如下圖是以鳶尾花三個品種的分類為例，在試算表中利用「距離公式」呈現 KNN 模型：「找出和資料點距離最近的 k 個點」。

「I4」儲存格使用的距離公式：

$$\sqrt{(L7\text{-}B4)^2 + (M7\text{-}C4)^2 + (N7\text{-}D4)^2 + (O7\text{-}E4)^2}$$

也就是「=((L7-B4)^2 + (M7-C4)^2 + (N7-D4)^2 + (O7-E4)^2) ^0.5」，這代表輸入資料點（「L7:O7」）和原始資料集中編號 1（「B4:E4」）的距離為：

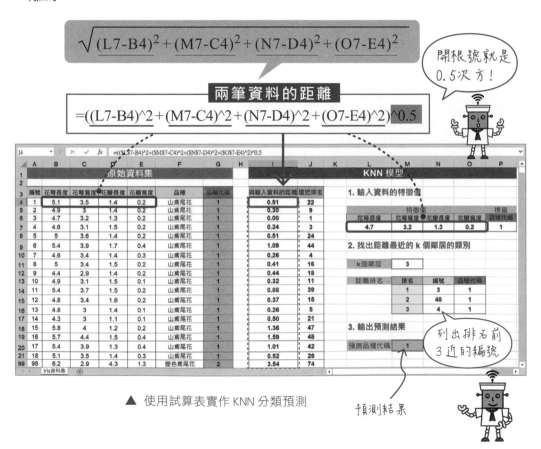

▲ 使用試算表實作 KNN 分類預測

5-2-3 K-means (K- 平均法) 做分群

分群 (Clustering) 就是把資料分成許多的群，與分類不同的是這些群都是我們事先沒有定義的，也就是沒有標籤的資料。例如在下圖中，要將一堆水果分群，發現利用「大小」及「形狀」特徵並無法將水果區分出來，若改用「顏色」特徵，就可將水果分成 3 群。

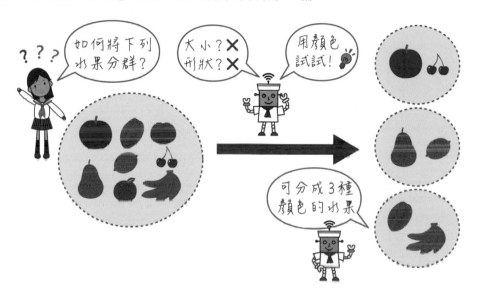

接下來以「鳶尾花的花萼長度與寬度」為例，把所有資料以如下的散佈圖做視覺化後，可以很容易的看出有 3 群，但是不知道每群所代表的是哪一種類別的鳶尾花。

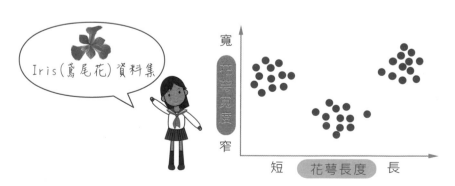

▲ 依花萼長度與寬度分為 3 群

　　K-means（K- 平均法）是知名的分群演算法，顧名思義為「依平均值分 k 群」，也就是「找出與哪一個群的中心距離最近，再歸於該群」。假設 k=3 時，首先隨機從所有資料中挑出 3 個資料點做為群的中心，接著，根據初步分群的結果重新計算每群的中心位置，再重新做一次分群。以此類推，當每個資料點所屬的群已經穩定（或不再改變），就完成如下圖的分群。

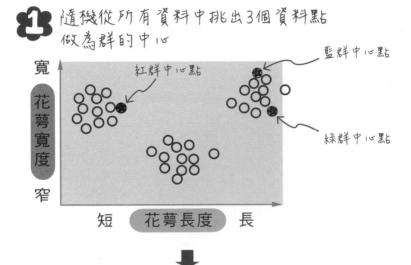

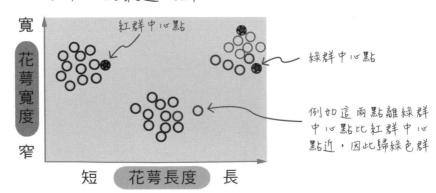

3 依據初步分群的結果重新計算每群的中心(註：離各點距離總和最近者為中心點)

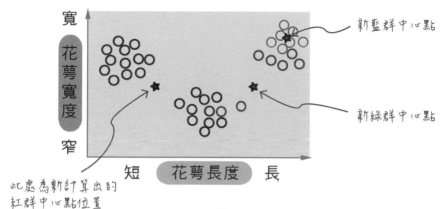

新藍群中心點

新綠群中心點

此處為新計算出的紅群中心點位置

4 有了新中心點後，將所有的資料點重新分配給距離各中心點最近的群

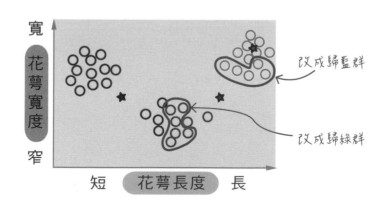

改成歸藍群

改成歸綠群

5 依據分群的結果再次重新計算每群的中心

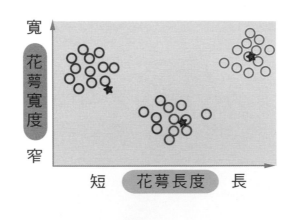

6 將所有的資料點再次分群(註：和步驟 **4** 的作法一樣，若離某新中心點更近，就改歸入該群)

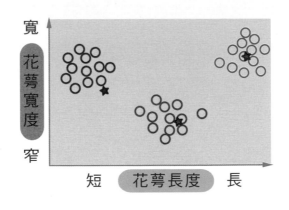

7 依據分群的結果再次重新計算每群的中心並再次分群，一直循環下去

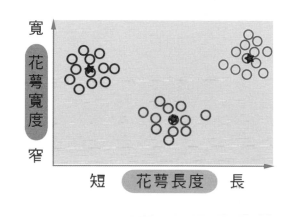

8 當所有群的中心不再有太大的變動，即每個資料點所屬的群已經穩定，就完成分群

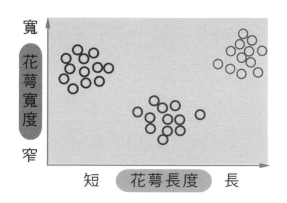

▲ 利用 K-means 將鳶尾花分成 3 群的過程

K-means 的模型也是可以使用試算表來建置，藉此達成以 K-means 模型來分群的概念。如下圖是以鳶尾花的分群為例，採用「距離公式」呈現 K-means 模型：「找出與哪一個群的中心距離最近，再歸於該群」。例如：計算編號 1 的資料與目前 A 群中心的距離：

儲存格「G5」使用的距離公式：

$$\sqrt{(B5-H157)^2+(C5-I157)^2+(D5-J157)^2+(E5-K157)^2}$$

也就是「=((B7-H157)^2+(C5-I157)^2+(D5-J157)^2 +(E5-K157)^2)^0.5」，代表目前 A 群中心點（「H157:K157」）和原始資料集當中編號 1（「B5:E5」）的距離：

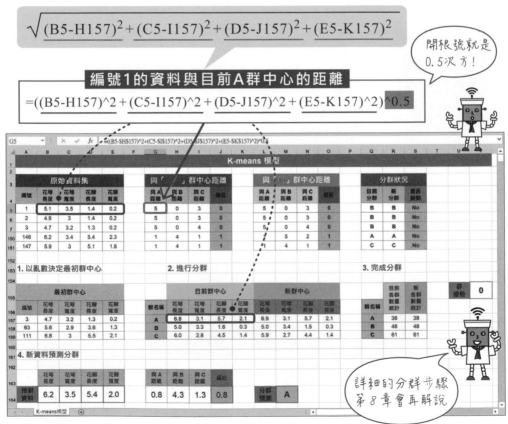

▲ 使用試算表實作 K-means 分群預測

5-3 深度學習

深度學習 (Deep Learning, DL) 是機器學習的一個分支，透過一層或多層神經網路訓練出能力更強的模型，使機器學習的效果能更好。

 ## 5-3-1 感知器

1957 年法蘭克・羅森布拉特 (Frank Rosenblatt) 提出感知器 (Perceptron) 的構想，感知器是一個模擬生物「神經元」的數學模型，也就是使用數學公式模擬生物神經元傳遞訊號的機制。

神經元具有「接收」和「發送」訊號的功能，當一個神經元所獲得其它神經元輸入的訊號總和 (即總強度) 大於等於某個自訂的值 (稱為「臨界值」) 時，這個神經元才會輸出訊號，傳給下一個神經元。

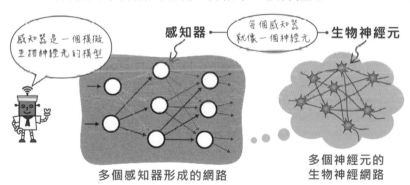

感知器如同生物神經元一樣，可以「輸入」和「輸出」資料 (數值)，例如：在下圖中，左邊三個輸入值分別為 X1、X2、X3，「權重」(Weight) 分別為 w1、w2、w3，再加上一個「偏量，或稱偏值」(Bias) b。當三個輸入值的「加權總和＋偏量」(即 X1×w1 + X2×w2 + X3×w3+b)，大於感知器的「臨界值」時就會輸出「0」；否則輸出「1」[註3]。

註3　輸出值 0、1 是代表兩種狀態，若反過來設計成大於感知器的「臨界值」時輸出「1」；否則輸出「0」也是可以的。

這裡的權重 w1、w2、w3、... 以及偏量 b，都是根據「經驗學習」要去得到的數字，而 f() 函數稱為激活 (Activation) 函數，負責檢查「總和是否超過臨界值」，以決定最後輸出的值。

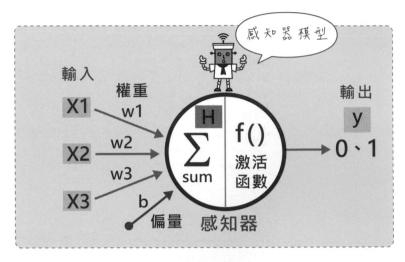

▲ 感知器模型

因此，我們把上圖感知器模型 (Model) 表示為：「H(X1,X2,X3)，即：

$$H = \sum_{i=1}^{3} wi \times Xi + b$$

再把 H 代入激活函數 f()」。在激活函數中，如果「H 大於臨界值」時激活函數會輸出 1；否則就輸出 0。換言之，感知器的輸出即為

$$y = f\,(H\,(X1,X2,X3)\,)$$

我們可以使用試算表來設計感知器模型以及所需要的激活函數：「計算輸入值的『加權總和 + 偏量』與臨界值的關係，決定最後輸出的值」。以下「利用企鵝的身長與重量做分類」為例來說明：

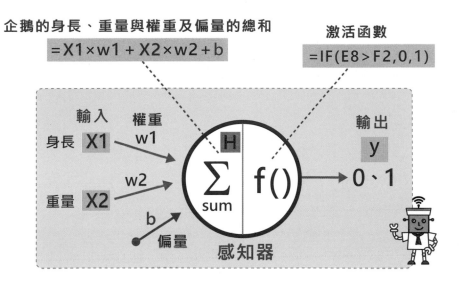

企鵝的身長、重量與權重及偏量的總和
=X1×w1 + X2×w2＋b

激活函數
=IF(E8>F2,0,1)

01 先使用「乘積公式」計算企鵝的身長、重量與權重及偏量的總和。

下圖中「E8」(神經元 H) 使用的「加權總和＋偏量」的公式為：

$$=SUMPRODUCT(B8:C8,B4:C4)+D4$$
$$=B8×B4+C8×C4+D4$$

代表感知器輸入值「B8:C8」和權重「B4:C4」的加權總和再加上偏量「D4」的值。

02 再透過激活函數判斷並輸出相對應的值。

下圖中「F8」使用的激活函數為：

$$=IF(E8>F2,0,1)$$

代表透過激活函數判斷如果輸入值的總和「E8」大於臨界值「F2」時會輸出「0」；否則就輸出「1」。

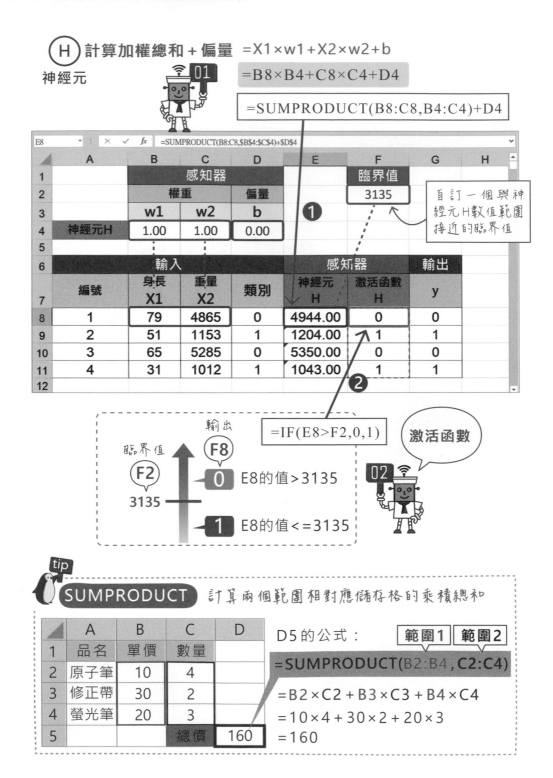

加廣知識 　激活函數

在感知器模型中,通常會將輸入值的計算結果透過激活函數來決定輸出的值。例如上方的感知器模型中,當輸入值的計算結果 (H) 大於臨界值時,激活函數會輸出 0;否則就輸出 1。

在深度學習領域中,我們可以針對不同問題使用自行設計或一般常用(如 Sigmoid 函數)的激活函數,簡單舉例說明如下:

1. 自行設計:依據所設定的臨界值,得到不同的輸出結果。

　(1) 設定一個臨界值,適用於兩種結果輸出(如:0/1)。

　激活函數:=IF(E8>F2,0,1)

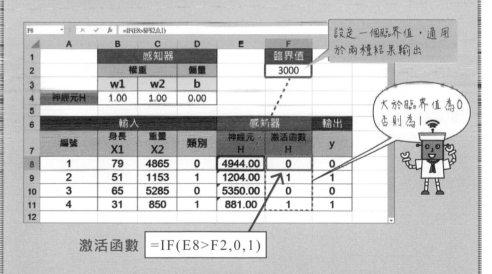

　激活函數 =IF(E8>F2,0,1)

(2) 設定兩個臨界值,適用於三種結果輸出(如:0/1/2)。

　激活函數:=IF(E8>F2,0,IF(E8<F3,2,1))

接下頁

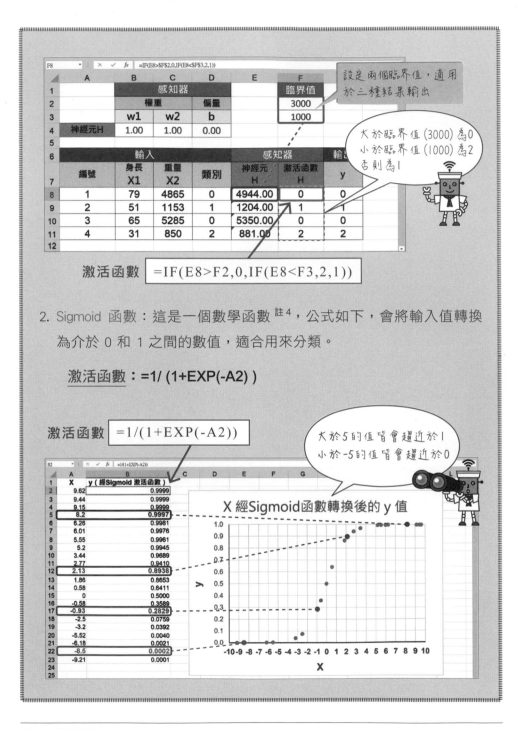

激活函數　$=IF(E8>F2,0,IF(E8<F3,2,1))$

2. Sigmoid 函數：這是一個數學函數[4]，公式如下，會將輸入值轉換
為介於 0 和 1 之間的數值，適合用來分類。

激活函數：=1/ (1+EXP(-A2))

激活函數　$=1/(1+EXP(-A2))$

5-3-2　多層感知器

　　如果遇到單靠一個感知器無法解決的問題時，為了提高預測的準確率，可以交給具有輸入層、一個或多個隱藏層、及輸出層的類神經網路 (Neural Network) 來處理，通常稱之為多層感知器 (Multilayer Perceptron, MLP)。類神經網路是想模擬生物的神經網路，讓機器具有學習能力。因此，電腦模擬的類神經網路具有如下圖類似的架構。

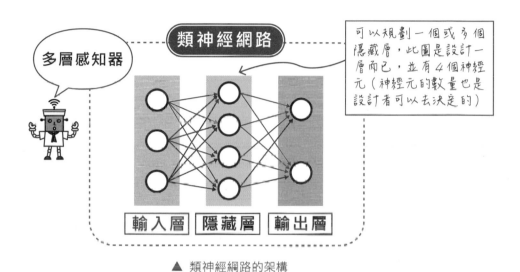

▲ 類神經網路的架構

　　使用試算表同樣也能設計多層感知器模型：「計算某層輸入值的『加權總和＋偏量』與臨界值的關係，決定輸出的資料為最後輸出值，或是再傳給下一層作為繼續輸入」。接下來以三層（即只有輸入層、隱藏層和輸出層）為例來說明：

01　同樣使用企鵝分類的例子。先使用「乘積公式」計算輸入層（企鵝的身長、重量）與隱藏層權重及偏量的總和，透過隱藏層的激活函數判斷並產生相對應的輸出值。

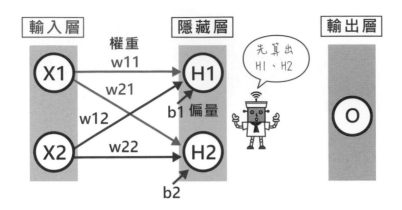

有關神經元 H1 的運算過程說明如下：(神經元 H2 和神經元 H1 作法相同)

下圖的「E10」儲存格 (神經元 H1) 使用的總和公式：

$$=SUMPRODUCT(B10:C10,B4:C4)+D4$$

代表輸入層「B10:C10」和隱藏層權重「B4:C4」的加權總和再加上偏量「D4」的值。

「G10」儲存格則是激活函數的計算。這裡使用的激活函數：

$$=IF(E10>0,1,0)$$

代表透過激活函數判斷如果輸入值的總和「E10」大於臨界值「0」時會輸出 1；否則就輸出 0。

> tip
>
> 這裡是以簡單的輸入數據來舉例說明 (不是實際的企鵝身長、體重數據)，因此臨界值就設定為與輸入數據範圍接近的「0」，此初始數值經模型的自我學習後，會修正成更合宜的數值。

神經元 (H1) 計算加權總和 + 偏量 =X1×w1+X2×w2+b

❶ =SUMPRODUCT(B10:C10,B4:C4)+D4

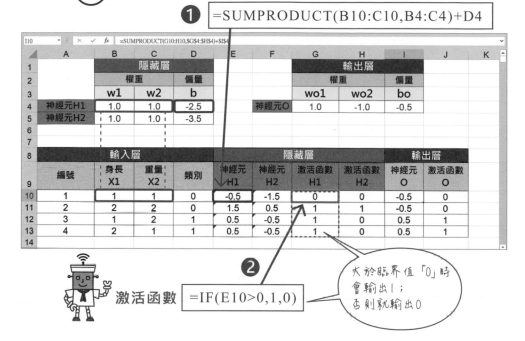

激活函數 =IF(E10>0,1,0)

大於臨界值「0」時
會輸出1；
否則就輸出0

02 將「隱藏層」激活函數的結果視為下一層的輸入層，經過與輸出層再一次計算，得到最後的輸出結果。

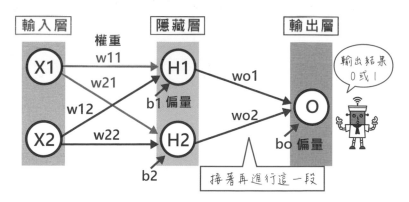

輸出結果
0或1

接著再進行這一段

下圖「I10」儲存格 (神經元 O) 使用的總和公式：

=SUMPRODUCT(G10:H10,G4:H4)+I4

代表隱藏層「G10:H10」和輸出層權重「G4:H4」的加權總和再加上偏量
「I4」的值。

「J10」儲存格使用的激活函數：

$$=IF(I10>0,1,0)$$

代表透過激活函數判斷如果輸入值的總和「I10」大於臨界值「0」時會輸
出 1；否則就輸出 0。

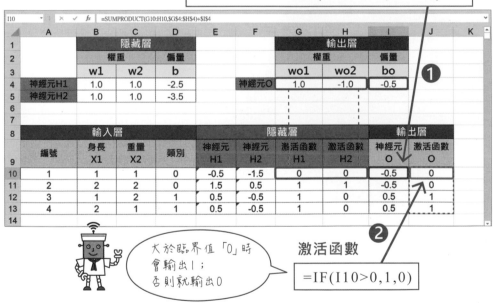

5-3-3　體驗類神經網路：
到 TensorFlow Playground 網站做分類

在由多層感知器所建置的類神經網路中，輸入層及輸出層之間會有一個或多個的「隱藏層」，所謂的「深度學習」(Deep Learning) 就是一個「深度的類神經網路模型」。

想揭開深度學習的神秘面紗嗎？Google 推出一個不需具備太過艱深的數學知識就能理解類神經網路的「TensorFlow Playground [註4]」網站。我們可以直接在瀏覽器中透過視覺化、互動的方式來親身體驗類神經網路，並且還能經由調整參數進一步了解它是如何運行。

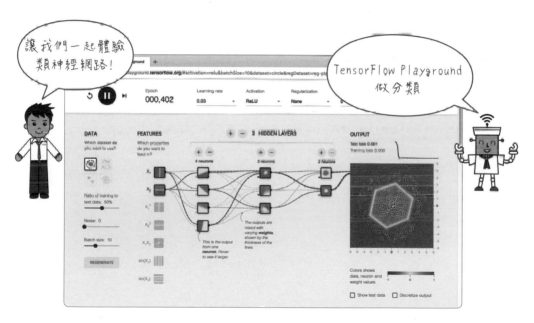

▲ Google「TensorFlow Playground」網站

註4　TensorFlow Playground 網址：http://playground.tensorflow.org/。

資料集

想要將不同的資料進行分類，在難易度上通常會有蠻大的差異。例如 TensorFlow Playground 上有如下圖黃色點（負向，通常代表負值）及藍色點（正向，代表正值）兩種不同種類的資料，以及四種的資料分佈類型。

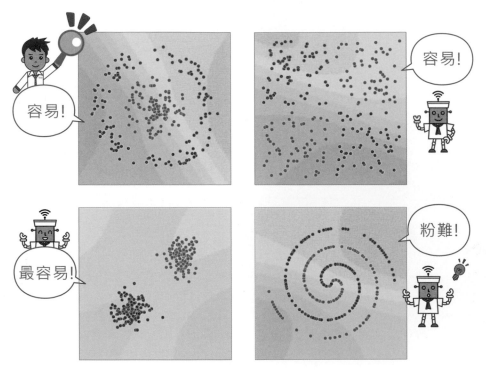

▲ TensorFlow Playground 上四類的資料分佈，其分類的難易度不同

特徵 (Features)

Playground 提供 7 種特徵（即 X_1、X_2、X_1^2、X_2^2、X_1X_2、$\sin(X_1)$ 及 $\sin(X_2)$)），這 7 種其實是由 X_1 及 X_2 所變化而來，X_1 如 ▮，代表左右兩邊不一樣（左負右正）的資料特徵，而 X_2 則如 ▬，代表上面下面（上正下負）不一樣的資料特徵。

連接線 (虛線) 代表權重

虛線的粗細跟權重值的大小有關，而黃、藍顏色則是與正負值有關。將滑鼠游標移到虛線上可觀察到權重，點選後可以手動更改權重。

輸出

假設完成如下圖的分類之後，代表黃色背景處的點都被歸類為黃色點，而藍色背景處的點則被歸類為藍色點。

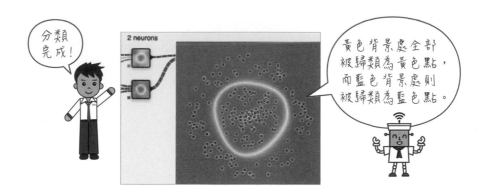

以下讓我們透過兩個實例演練，體驗在 TensorFlow Playground 網頁上利用類神經網路對黃、藍色點進行「分類」，也就是利用深度學習演算法，找到可以正確分類的模型。

開啟 TensorFlow Playground 網頁之後，操作環境說明如下。

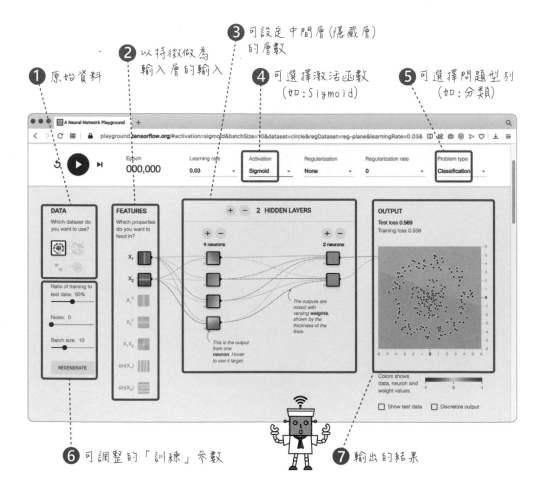

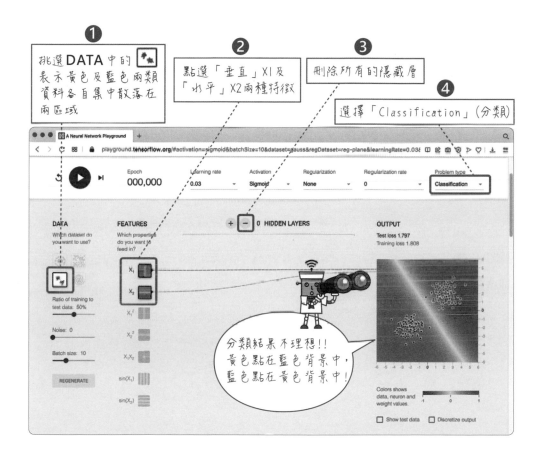

只有輸入層和輸出層

01 挑選模型：左側有四種類型的資料，以顏色點表示黃色及藍色兩類資料的分佈情形。我們挑選最簡單的模型進行「分類」，找到把黃、藍點區分為兩區塊的模型，由執行結果可以看出分類並不理想，黃（藍）背景應涵蓋黃（藍）色點才對。

02 觀察並調整權重：將滑鼠游標停在虛線上方可以觀察到當下的權重，點一下還可以手動修改，但我們不需要手動修改，而是讓類神經網路利用學習（訓練）來找到理想的權重。

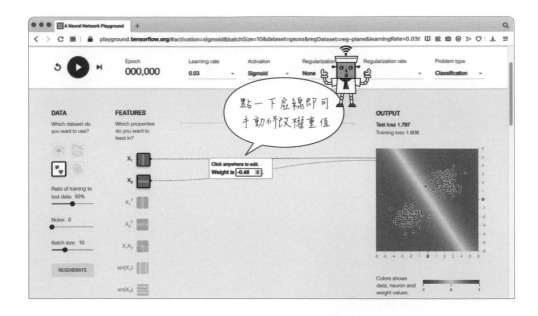

03 進行學習：按下「開始」 ▶ 鈕進行學習，幾秒後黃（藍）點分別都落在黃（藍）區。學習的過程就是不斷調整權重的過程，權重的絕對值越大，虛線越粗，代表影響性大。

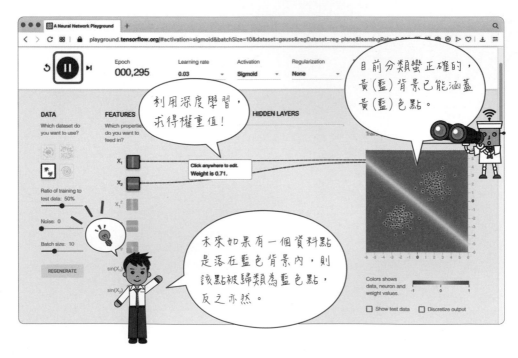

　　以上，我們成功的進行資料分類，接下來可以試試挑選比較有挑戰性的資料，再增加類神經網路的隱藏層來做機器學習。

實作　包含輸入層、隱藏層和輸出層

01 挑選模型：改選別的資料分佈，但是前面簡單的類神經網路已經無法有效進行分類。

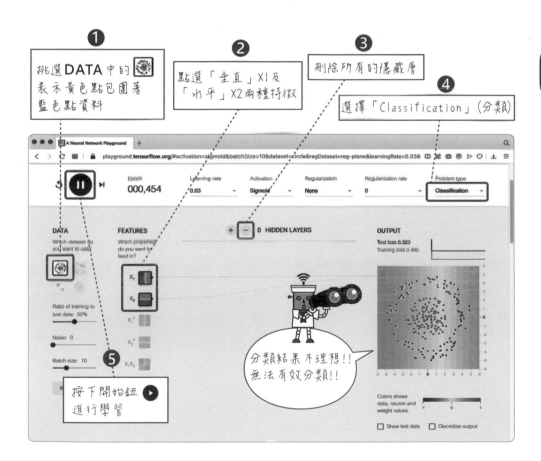

❶ 挑選 DATA 中的 ❖ 表示黃色點包圍著藍色點資料

❷ 點選「垂直」X1 及「水平」X2 兩種特徵

❸ 刪除所有的隱藏層

❹ 選擇「Classification」(分類)

❺ 按下開始鈕進行學習

分類結果不理想!! 無法有效分類!!

02 加入隱藏層及神經元：加入隱藏層更改模型的類神經網路深度，以及加減每層的神經元數目之後，很快就能達成正確的分類。

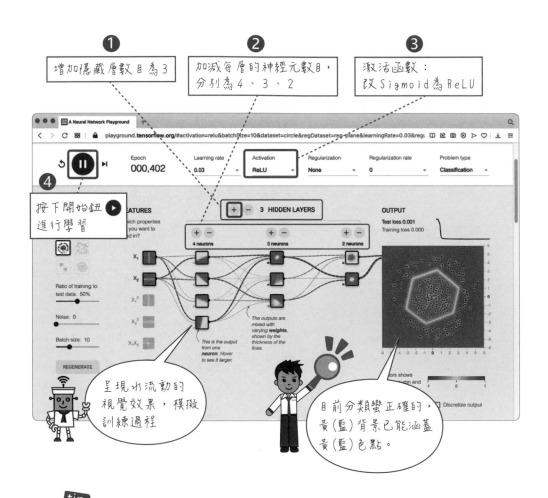

「訓練」時間會隨著隱藏層及每層神經元數目的增多而急遽增加，過程「回合」(Epoch) 數也會持續變多。

memo

線性迴歸趨勢預測

開啟資料集

趨勢散佈圖

資料處理

- 調整資料型別
- 刪除重複值或異常值
- 缺失值的補值或刪除

插入圖表

資料視覺化

1個特徵

特徵	標籤
年度(單位：10年)	與1880年溫差
1960	0.254
1970	0.260
1980	0.273

2個、3個等多個特徵

探索性分析

 性別　 身高　體重

線性迴歸

多元線性迴歸

挑選模型

LINEST( )函數

模型

$$y = m * X + b$$

完成模型

求出趨勢線方程式的 m、b 值

$y = m * X + b$
$y = m1 * X1 + m2 * X2 + b$
$y = m1 * X1 + m2 * X2 + m3 * X3 + b$

由散佈圖求出趨勢線方程式

$$y = 0.0132 * X + -25.7$$

趨勢預測

進行預測

年度	與1880年溫差
2030	1.096
2040	1.228
2050	1.360

 身高：170　體重：81 → 27.5678

鞋子尺寸

 性別：女　身高：167　體重：59 → 24.2138

分析結果

第6章

機器學習實戰（一）：
線性迴歸分析
做趨勢預測

也許你曾聽到許多人對地球暖化議題的呼籲，你知道地球氣溫的變化趨勢嗎？本章將實作機器學習之線性迴歸分析，藉由 1960 年來地球每 10 年均溫變化預測未來的氣溫。

6-1　機器學習前準備

資料科學 ⓪　問個感興趣的問題

根據科學家多年的觀察研究發現：南北極冰層快速融化、部分高海拔山峰原有的冰川竟變成了草原、地球暖化、極端而異常的氣候等現象，這些都是近年來大家相當重視的議題。Bob 對於環境保護議題十分有興趣，他上網找了地球氣溫變化的資料，突然有了以下的想法：

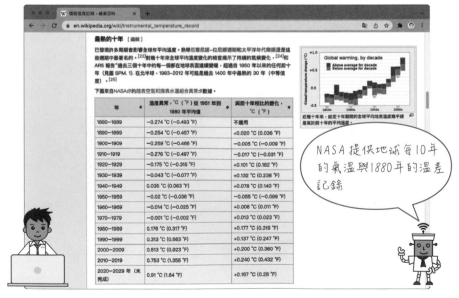

▲ 出處：https://en.wikipedia.org/wiki/Instrumental_temperature_record

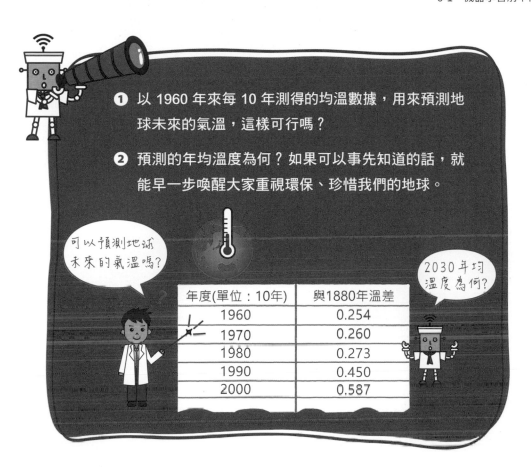

接下來以 Excel 試算表進行有關線性迴歸分析的實作，看看地球未來的氣溫是否真的可以預測？尤其是給予數量足夠的歷史氣溫資料時，預測效果是否就能更加的準確。

① 資料取得

開啟「Ch06- 地球年均溫變化」試算表，可以看到 NASA 提供「自 1960 年來，地球每 10 年平均氣溫與 1880 年平均氣溫的溫差」的資料。

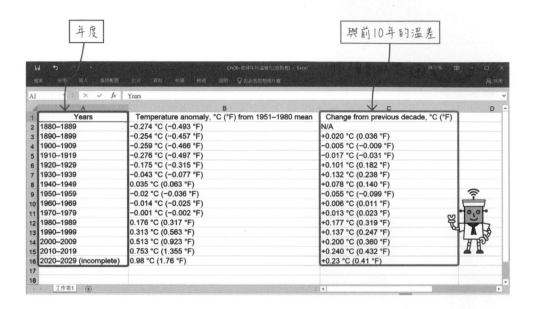

 資料科學 ❷ 資料處理

取得的資料通常需要做資料處理，如第 3 章資料處理的步驟：檢查各行並適當調整資料型別、刪除重複值或異常值、缺失值的補值或刪除，才可進一步將資料分割為特徵 (Feature) 及標籤 (Label)。

01 新增一張「與 1880 溫差」工作表，將原始資料整理成如下的「年度 (單位：10 年)」、「與 1880 溫差」二個欄位。

02 觀察資料後，發現本例不需要做補值及刪除異常資料等的資料處理工作。

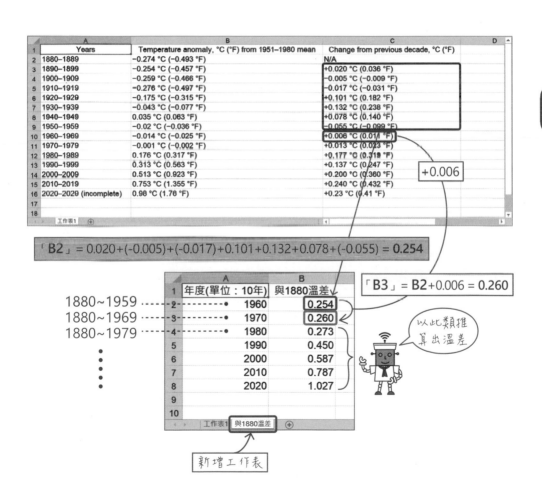

資料科學 ❸　探索性分析

　　接著，利用第 4 章所介紹的「探索性資料分析」看看是否能進一步發掘隱藏在這些資料之中的秘密。首先，我們透過將資料視覺化來進行相關的探索步驟。

01 繪製散佈圖：選取「年度 (單位：10 年)」和「與 1880 溫差」二欄「A1:B8」後按『插入／圖表』，圖表類型選取「散佈圖 」。點選標題後，改為「每 10 年均溫變化 (1960 年後)」，並參考下圖進行調整。

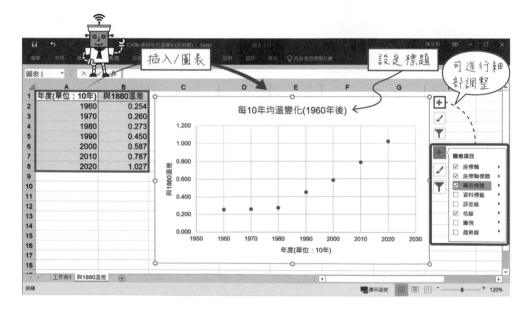

02 觀察結果：由如上的散佈圖中可以看出氣溫有不斷提高的趨勢。

如果要以「年度」和「與 1880 溫差」做為機器學習中線性迴歸所需的訓練資料，則必須指定特徵以及標籤。

機器學習特徵資料的變數名稱慣用大寫 X、標籤資料則是慣用小寫 y 的方式來呈現，類似數學函數的概念：輸入 X 值，代入運算後，即可得到結果 y 值。

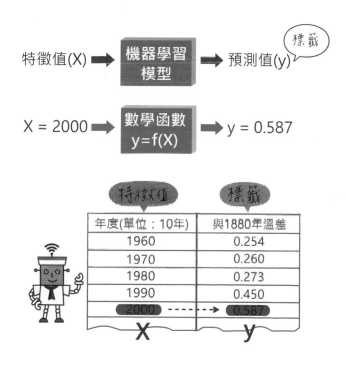

在這個例子中，以「年度」做為特徵值 (X)，而「與 1880 年溫差」則是標籤 (y)。接下來讓我們利用 Excel 試算表提供的線性迴歸趨勢線，實作看看完成的機器模型是否真的能準確預測未來地球的氣溫與 1880 年的溫差。

6-2　機器學習實作 (一)：線性迴歸趨勢線

取得資料的特徵值 (X) 和標籤 (y) 之後，便能進行如第 5 章中所提到的機器學習實作步驟：挑選模型 → 完成模型 → 進行預測。經過機器學習的過程，我們就可以把未來的年度資料，輸入到完成的模型中預測未來的氣溫。完成的結果將如下圖所示。

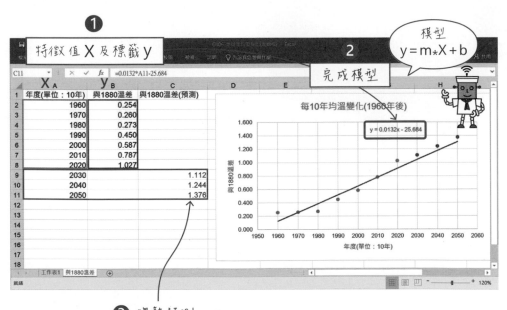

6-2-1　挑選模型

　　由前面的「探索性資料分析」得知「氣溫有逐年升高的趨勢」。我們提出了以下的假設：「由地球每 10 年均溫變化可以預測未來可能的氣溫！」

　　在這個例子中我們挑選了線性迴歸分析模型，以下將採用 Excel 試算表建立「散佈圖」，再取得其中的線性迴歸「趨勢線」當作模型。

01 產生趨勢線：點選「圖表區」後在浮現的「圖表項目」 ⊞ 鈕上按一下，勾選「趨勢線」。

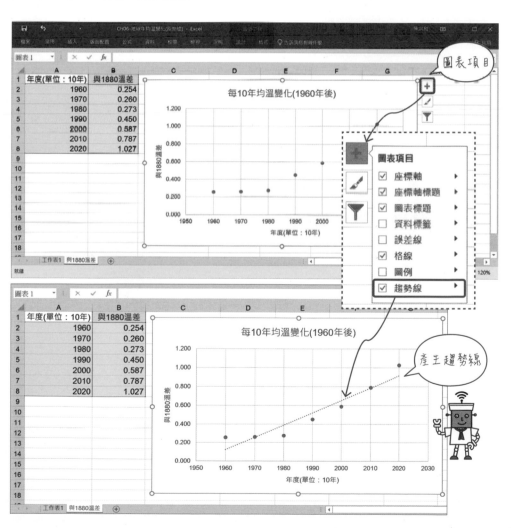

02 調整趨勢線格式：在趨勢線快按兩下，於「趨勢線格式」中參考如下圖調整格式。

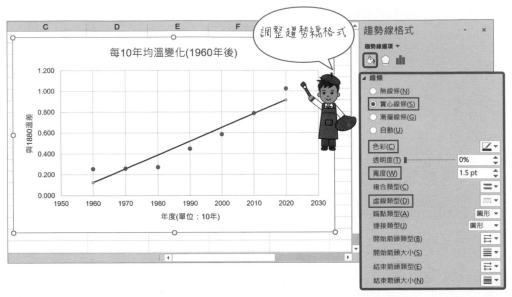

6-2-2　完成模型

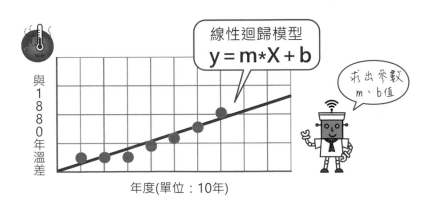

01 取得趨勢線的參數值：在趨勢線快按兩下，確認「趨勢線選項」為「線性」、勾選「圖表上顯示公式」。Excel 試算表會自動顯示方程式為「0.0132*X-25.684」，即求得線性迴歸模型「y = m*X + b」的兩個重要參數：m 約為 0.0132、b 約為 -25.684。

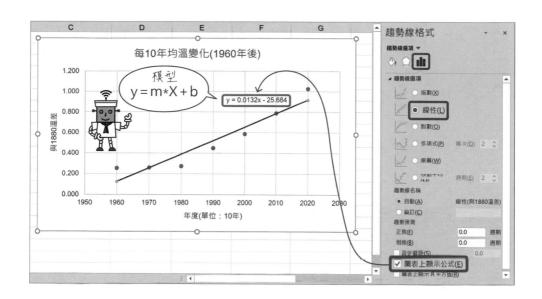

6-2-3　趨勢預測

　　模型完成後就可以進行趨勢預測！取一個或多個未來的特徵值 (年度) 當成預測的輸入，此處因為要做結果預測 (未來的氣溫)，所以就不需要輸入標籤 (實際的氣溫)。

01 增加氣溫預測年度：取得趨勢線的參數後，接下來就可以進行未來的溫度預測。參考如下散佈圖中增加 X 軸 (年度) 的刻度。

(1) 首先在範圍「A9:A11」分別增列 2030、2040、2050 等年度。

(2) 在「圖表區」按一下滑鼠右鍵選取『選取資料 📊 』，點選前面步驟建立好的數列「與 1880 溫差」。

(3) 再按一下「 📝 編輯(E) 」鈕改變「數列 X 值」為「= 與 1880 溫差 !\$A\$2:\$A\$11」、「數列 Y 值」為「= 與 1880 溫差 !\$B\$2:\$B\$11」，如下圖所示[註1]。

註1　圖表中 X 軸刻度自動變為由 1940 至 2060 的區間，間隔為 20。

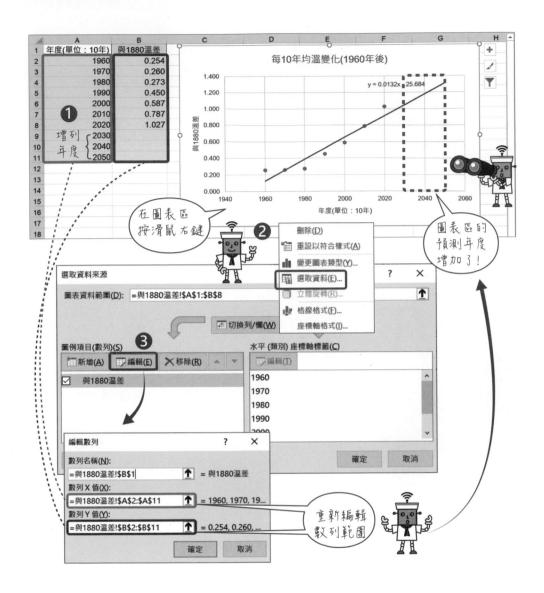

02 預測 2030 年和 1880 年的溫差：在工作表上新增一欄「與 1880 溫差（預測）」(C 欄)，此時將儲存格「A9」當成特徵值（即 X=2030)，在儲存格「C9」中輸入氣溫訓練後的模型公式「=0.0132*A9-25.684」，得到 2030 年與 1880 溫差為「1.112℃」（即 y=1.112)。

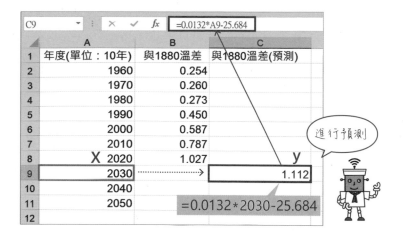

03 預測 2040、2050 年和 1880 年的溫差：接著再預測 2040、2050 年的氣溫，將儲存格「C9」的公式拖曳填滿「C10:C11」，預測得到會比 1880 年各提高了 1.244℃ 和 1.376℃。

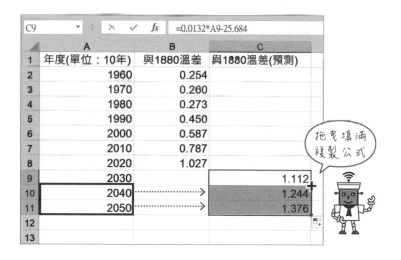

04 在散佈圖顯示 2030、2040、2050 年預測溫差：將新增的年度和預測得到的氣溫加入至線性迴歸趨勢線中，可以更清楚看到預測的結果。

(1) 在「圖表區」按一下滑鼠右鍵選取「選取資料 ▦ 」，按一下 ▦ 新增(A) 鈕，在「編輯數列」中完成如下圖的設定，即設定「數列名稱」為「＝與 1880 溫差 !$C$1」、「數列 X 值」為「＝與 1880 溫差 !$A$9:$A$11」、「數列 Y 值」為「＝與 1880 溫差 !$C$9:$C$11」。

(2) 散佈圖上已新增了「2030、2040、2050 年與 1880 溫差 (預測)」的三個預測點。

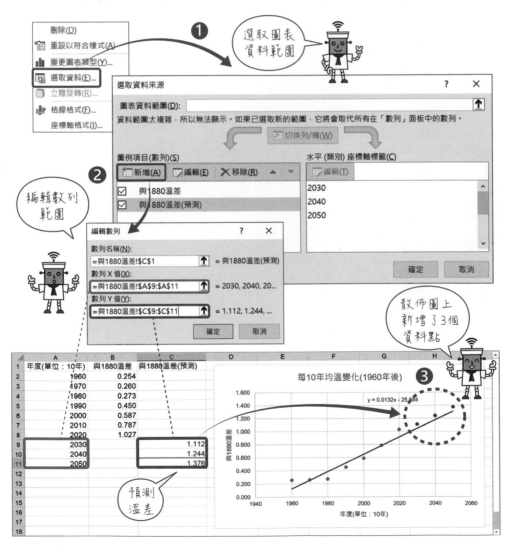

加廣知識　更改 X 軸 (水平軸) 刻度

在 X 軸上快按滑鼠兩下在「座標軸選項」上設定「範圍／最小值」為「1950」、「範圍／最大值」為「2060」、「單位／主要」為「10」，可以讓 X 軸改成在 1950~2060 的範圍內以每隔 10 年顯示刻度。

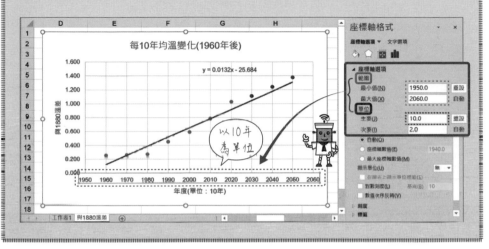

🐧 6-2-4　分析結果

　　前面以簡單的數學線性迴歸做為機器學習演算法，輸入歷史資料進行訓練，利用完成的模型進行趨勢預測的確是可行的。以本例而言，我們給了一筆特徵值資料「2030」(即年度 X=2030)，預測出來與 1880 年溫差是「1.112℃」(即溫差 y=1.112)。

　　本例中，藉由預測出來的溫差，做為人類如何因應和重視地球暖化所帶來氣溫逐年升高的參考趨勢，這樣的機器學習也適合應用於以下情境：

● 投入廣告費與銷售額。

● 最高氣溫與尖峰用電量。

● 由身高預測體重。

6-3　機器學習實作 (二)：用 LINEST() 函數實作多特徵的線性趨勢分析

上一節我們在 Excel 試算表的 XY 散佈圖中，只須幾個簡單的步驟即可找出線性迴歸趨勢線的方程式。不過，它的限制是只能適用於 1 個特徵。

除了 XY 散佈圖之外，使用 Excel 試算表提供的 LINEST() 函數也能進行線性趨勢分析預測。如果想要使用 1 個或 1 個以上的特徵（如：性別、身高、體重）建置模型並預測鞋子尺寸時，就可以透過 LINEST() 函數來完成。

6-3-1　1 個特徵

接下來我們同樣以 1 個特徵（年度）為例，利用 LINEST() 函數進行線性趨勢分析預測未來可能的氣溫，看看得到的結果和藉由 XY 散佈圖的線性迴歸趨勢線方程式有沒有什麼差異。

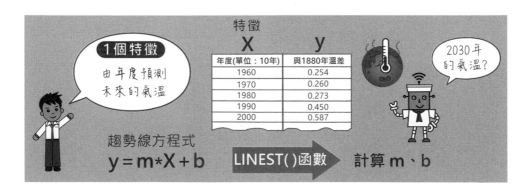

01 開啟「Ch06- 線性趨勢實作」並切換至「地球每十年均溫變化」工作表，在儲存格「D1」和「E1」中分別輸入參數名稱「m」及「b」。

02 取得參數值：選取範圍「D2:E2」並輸入函數「=LINEST (B2:B8,A2:A8)」，按 Ctrl + Shift + Enter ，即可自動計算並得到參數 m 和 b 的值 (註：透過組合鍵才可以一次算出 2 個值，若只按 Enter 則只會算出「D2」的值)。

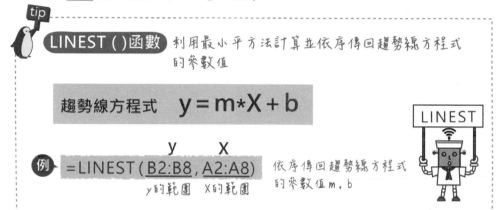

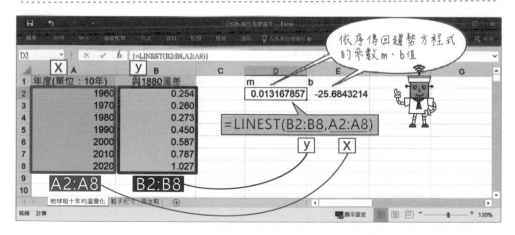

03 預測 2030 年和 1880 年的溫差：在工作表上新增一欄「與 1880 溫差 (預測)」(C 欄)，在儲存格「A9」中輸入「2030」當成特徵值 (即 X=2030)，儲存格「C9」中輸入公式「=$D$2*A9+ $E$2」(即模型 y=m*X+b)，得到 2030 年與 1880 溫差為「1.046℃」(即 y=1.046)。

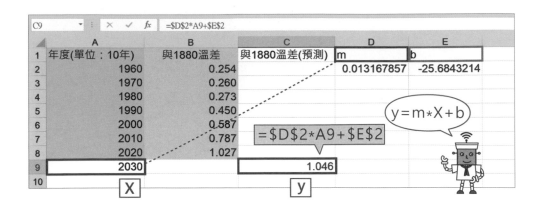

04 預測 2040、2050 年和 1880 年的溫差：接著再預測 2040、2050 年的氣溫，在「A10:A11」輸入 2040 及 2050。將儲存格「C9」的公式拖曳填滿「C10:C11」，預測得到會比 1880 年各提高了「1.178℃」和「1.310℃」。

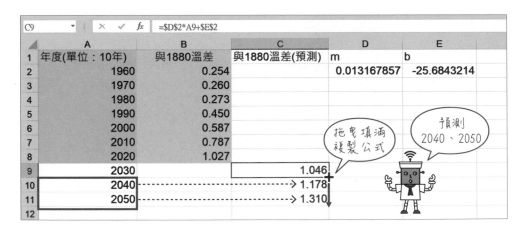

6-3-2　2 個特徵

　　如果想要使用 1 個以上的特徵時，例如：利用「身高」及「體重」建置模型，並且用來預測適合的鞋子尺寸，只要透過 LINEST() 函數就可以輕鬆的完成。

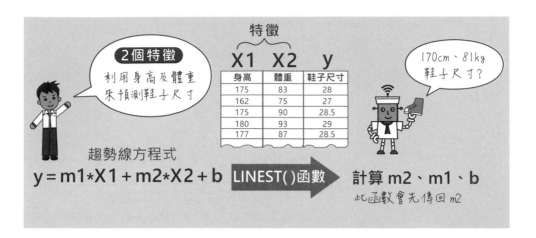

01 切換至「鞋子尺寸」工作表，在「E1:G1」中分別輸入參數名稱「m2」、「m1」及「b」(提醒一下：算出的會是 m2 先、m1 後)。

02 取得參數值：選取範圍「E2:G2」後直接輸入函數「=LINEST (C2:C12,A2:B12)」，按 Ctrl + Shift + Enter 即可自動計算並得到參數 m2、m1 和 b 的值 (註：透過組合鍵才可以一次算出 3 個值，若只按 Enter 則只會算出「E2」的值)。

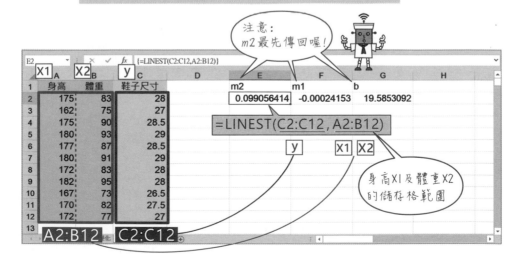

03 進行預測：在工作表上新增一欄「鞋子尺寸預測」(D 欄)，在儲存格「A13」中輸入身高「170」、「B13」中輸入體重「81」，把這兩個當成特徵值 (即 X1=170、X2=81)。儲存格「D13」中輸入公式「=F2*A13+E2*B13+G2」(即模型 y=m1*X1+m2*X2+b)，得到預測的鞋子尺寸約為「27.5678」(即 y=27.5678)。

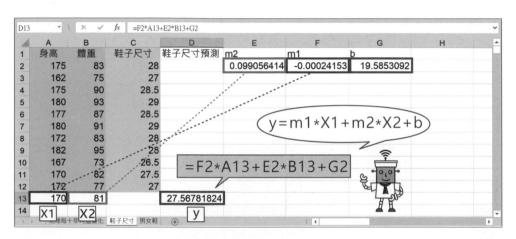

6-3-3　3 個特徵

　　預測適合的鞋子尺寸時，除了身高和體重的因素之外，性別通常也是需要列入考慮的重點。接下來我們就試著利用「性別」、「身高」及「體重」3 個特徵值來預測鞋子尺寸，以做為買鞋子時的參考。

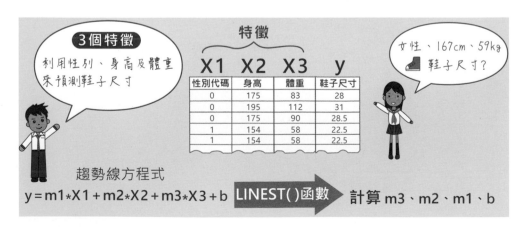

01 資料轉換：切換至「男女鞋」工作表，在儲存格「C2」中輸入公式「=IF(B2=" 男 ",0,1)」，利用拖曳填滿複製公式到「C2:C21」，將性別文字轉換成數值：「男」轉換為「0」、「女」轉換為「1」。

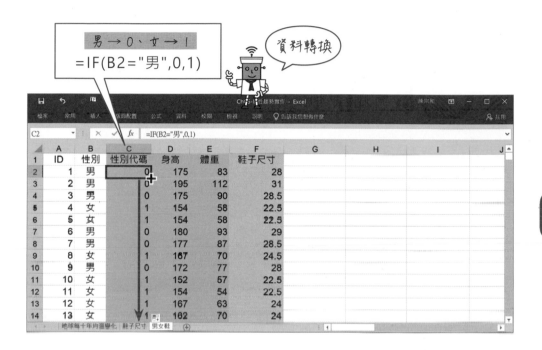

02 取得參數值：在「H1:K1」中分別輸入參數名稱「m3」、「m2」、「m1」及「b」，完成後選取範圍「H2:K2」直接輸入函數「=LINEST(F2:F21,C2:E21)」，按 Ctrl + Shift + Enter 即可自動計算並一次得到參數 m3、m2、m1 和 b 的值。

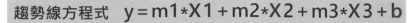

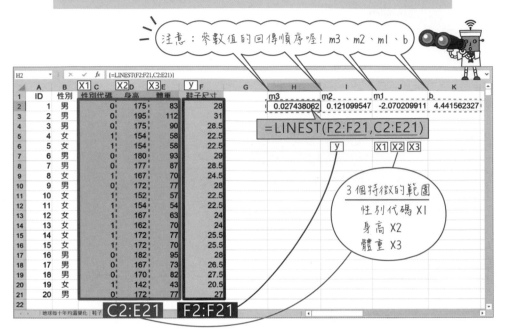

03 進行預測 (男鞋尺寸)：在工作表上新增一欄「鞋子尺寸預測」(G 欄)，在儲存格「C22」中輸入性別代碼「0」(男)、「D22」中輸入身高「167」、「E22」中輸入體重「87」，把這 3 個當成特徵值 (即 X1=0、X2=167、X3=87)。儲存格「G22」中輸入公式：「=$J$2*C22+$I$2*D22+$H$2*E22+$K$2」(即模型 y=m1*X1+m2*X2+m3*X3+b)，得到預測的鞋子尺寸約為「27.0523」(即 y=27.0523)。

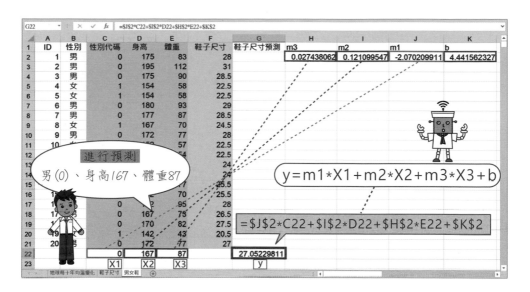

04 進行預測 （女鞋尺寸）：接著再預測女鞋的尺寸，在儲存格「C23:E23」中分別輸入性別代碼「1」(女)、身高「167」、體重「59」，完成後再將儲存格「G22」的公式複製到「G23」，得到預測的鞋子尺寸約為「24.2138」。

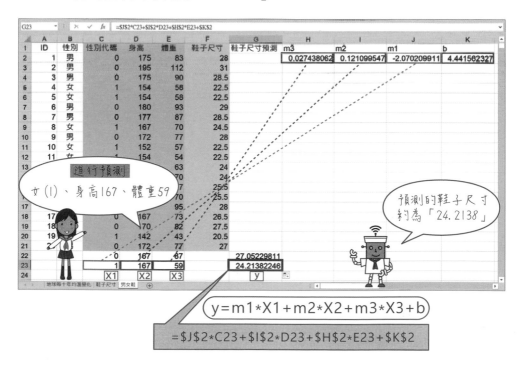

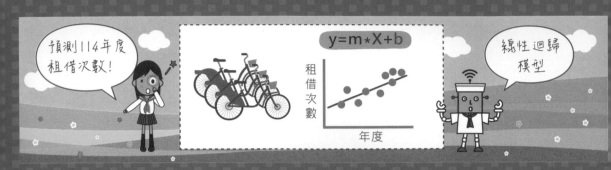

Alice 這個假日想和家人一起租借 ubike 出門踏青，她催促著爸爸快點出門，因為最近一到假日，ubike 就變得很熱門，不小心就租借不到了！這天回家後，她試著利用線性迴歸模型找出趨勢線方程式，並預測了 114 年的租借次數！

演練內容

01 資料取得：開啟「Ch06-ubike」並切換至「ubike 原始資料集」工作表，檢視原始資料集中的資料筆數（共有＿＿＿＿＿＿＿＿筆），以及所包含的欄位名稱和內容。

資料來源：政府開放資料平台之「臺北市公共自行車概況按月別」，網址：https://data.gov.tw/dataset/132089。

02 完成模型（單一特徵）：想推測台北市 114 年的 YouBike 全年度租借總次數，首先必須指定做為特徵和標籤的欄位資料。

(1) Alice 應該將「ubike 原始資料集」工作表中的哪一個欄位資料複製到「單一特徵」工作表中當作特徵值？同理，哪一個欄位資料適合用來做為標籤？

(2) 確認上述的兩個欄位之後，將相關資料複製到「單一特徵」工作表的「特徵值 (X)」(A 欄) 和「標籤 (y)」(B 欄) 中。

(3) 切換至「單一特徵」工作表，利用「特徵值 (X)」和「標籤 (y)」繪製散佈圖並產生趨勢線，並且在圖上顯示其方程式，參考結果如下圖。完成後將趨勢線方程式求得的參數「m」和「b」填入相對應的「E2」和「F2」儲存格，並且把得到的模型公式輸入至「F5」儲存格中。

提示 模型公式「=m*X+b」

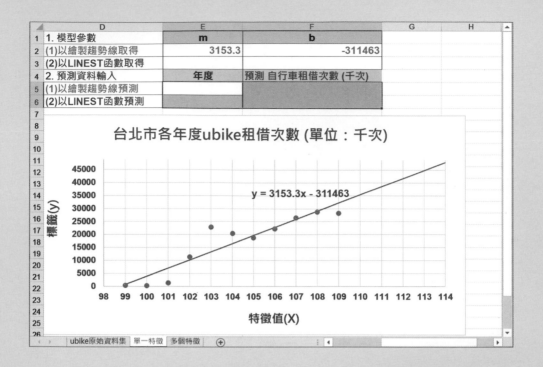

(4) 改以 LINEST() 函數取得線性迴歸模型的參數，Excel 試算表
會自動把參數值「m」和「b」填入相對應的「E3」和「F3」儲存
格。完成後，再自行將模型公式輸入至「F6」儲存格中。

 提示　模型公式「=m*X+b」

03 進行預測（單一特徵）：

(1) 以散佈圖繪製的趨勢線參數進行預測，在「E5」輸入一個新的
「年度」如「114」，「F5」中的模型公式會自動計算並顯示預測
得到的「預測 自行車租借次數（千次）」。

(2) 改用 LINEST() 函數進行預測，於「E6」輸入如同上題「年度」
的「114」，「F6」中的模型公式同樣也會自動計算並顯示預測得
到的「預測自行車租借次數（千次）」。

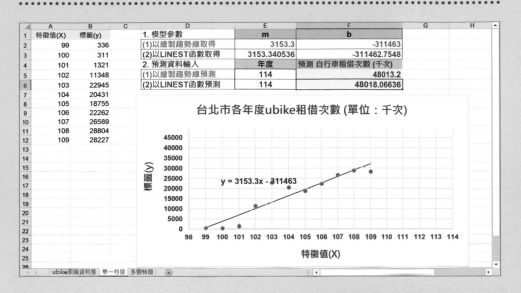

	A	B	C	D	E	F	G	H
1	特徵值(X)	標籤(y)		1. 模型參數	**m**	**b**		
2	99	336		(1)以繪製趨勢線取得	3153.3	-311463		
3	100	311		(2)以LINEST函數取得	3153.340536	-311462.7548		
4	101	1321		2. 預測資料輸入	**年度**	**預測 自行車租借次數 (千次)**		
5	102	11348		(1)以繪製趨勢線預測	114	48013.2		
6	103	22945		(2)以LINEST函數預測	114	48018.06636		
7	104	20431						
8	105	18755						
9	106	22262						
10	107	26589						
11	108	28804						
12	109	28227						

ubike 原始資料集 | 單一特徵 | 多個特徵

04 完成模型（多個特徵）：「ubike 原始資料集」中除了「年度」之外，還有「自行車租借站數（站）」的資料，想要以這兩種資料採用 LINEST() 函數取得線性迴歸模型來預測自行車租借次數（千次）的話，Alice 又該如何進行呢？

(1)「ubike 原始資料集」工作表中的哪些欄位資料可用來當作特徵？哪一個欄位資料適合用來做為標籤？

(2) 確認上述的特徵和標籤之後，將相關資料複製到「多特徵」工作表的「特徵值 (X1) ～特徵值 (X2)」(A 欄~B 欄) 和「標籤 (y)」(C 欄) 中。

(3) 改以 LINEST() 函數取得線性迴歸模型的參數，Excel 試算表會自動把參數值「m2」、「m1」和「b」填入相對應的「F2:H2」內。完成後，再自行將模型公式輸入至「H4」儲存格中。

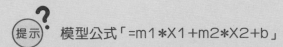

提示 模型公式「=m1*X1+m2*X2+b」

05 進行預測 (多個特徵)：如果 114 年「自行車租借站數 (站)」的數量比起 109 年增加了 10%，即約 5400 個站點。所以需於「F4:G4」中分別輸入「年度、自行車租借站數 (站)」值如：「114、5400」，「H4」中的模型公式會自動計算並顯示預測得到的「預測 自行車租借次數 (千次)」。

參考結果

H4	▼	:	×	✓	fx	=G2*F4+F2*G4+H2		

▲	A	B	C	D	E	F	G	H
1	特徵值(X1)	特徵值(X2)	標籤(y)		1. 模型參數	m2	m1	b
2	99	247	336			3.2393622	1305.814504	-127806.5873
3	100	252	311		2. 預測資料輸入	年度	自行車租借站數 (站)	預測 自行車租借次數 (千次)
4	101	409	1321			114	5400	38548.82181
5	102	1166	11348					
6	103	2112	22945					
7	104	2488	20431					
8	105	3097	18755					
9	106	4311	22262					
10	107	4920	26589					
11	108	4908	28804					
12	109	4908	28227					
13								

◀ ▶	ubike原始資料集	單一特徵	多個特徵	⊕

本章學習操演（二）

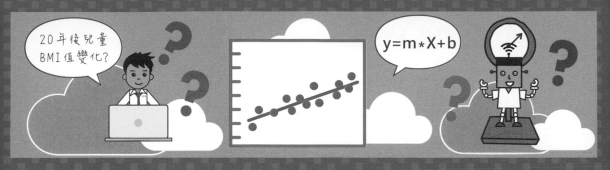

Bob 這幾天在思考一個問題：「20 年或 30 年後兒童的身高體重會出現變化嗎？」他想用線性迴歸預測一下未來兒童的 BMI 值及體重上升下降的狀況，並利用機器學習進行了未來兒童體重的趨勢預測。

演練內容

01 資料取得：開啟「Ch06-BMI」，檢視原始資料集中的資料筆數 (共有 _____ 筆)，以及所包含的欄位名稱和內容。

資料來源：WHO（世界衛生組織）統計 1975 年至 2016 年全球 5～9 歲兒童平均 BMI，網址：https://www.who.int/data/gho/data/indicators/indicator-details/GHO/mean-bmi-(kg-m-)-(crude-estimate)

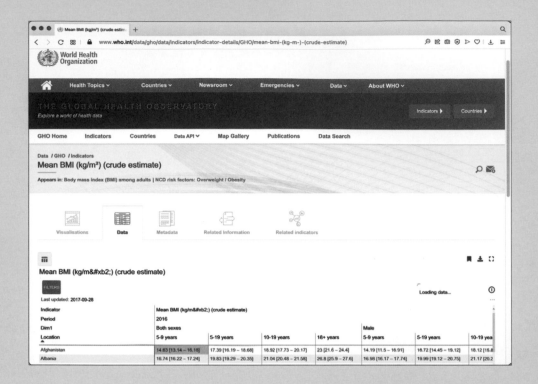

02 完成模型：想透過線性迴歸模型了解未來兒童 BMI 的狀況，首先
必須指定做為特徵和標籤的欄位資料。

(1) Bob 應該將「BMI 資料集」工作表中的哪一個欄位資料指定為
特徵 (X)？同理，哪一個欄位資料適合用來做為標籤 (y)？

(2) 利用「特徵值 (X)」和「標籤 (y)」繪製散佈圖並產生趨勢線，
並且在圖上顯示其方程式，參考結果如下圖。完成後將趨勢線
方程式求得的參數「m」和「b」填入相對應的「E2」和「F2」儲
存格，並且把得到的模型公式輸入至「F5」儲存格中。

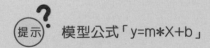 模型公式「y=m*X+b」

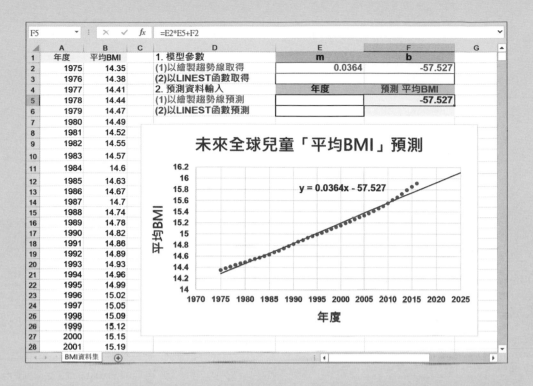

(3) 改以 LINEST() 函數取得線性迴歸模型的參數，Excel 試算表
　　會自動把參數值「m」和「b」填入相對應的「E3」和「F3」儲存
　　格。完成後，再自行將模型公式輸入至「F6」儲存格中。

提示 模型公式「y=m*X+b」

03 進行預測：

(1) 以散佈圖繪製的趨勢線參數進行預測如參考結果的「H4:K5」，
　　2025 年全球兒童的平均 BMI、125cm 的兒童體重比 2000 年
　　同樣身高的兒童增加多少公斤？

提示 傳回年度（如：2000 年）平均 BMI 的值：VLOOKUP() 函數
　　BMI= 體重（公斤）/ 身高^2（公尺^2）

(2) 改用 LINEST() 函數進行預測如參考結果的「H10:K11」，
2025 年全球兒童的平均 BMI、125cm 的兒童體重比 2000 年
同樣身高的兒童又會增加多少公斤呢？

參考結果

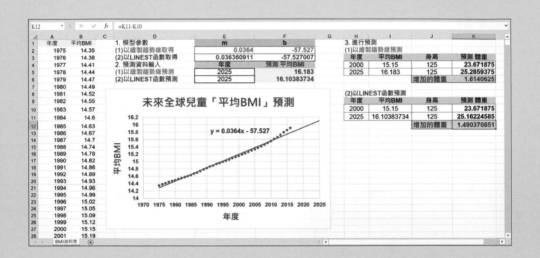

memo

KNN 分類預測

開啟資料集

資料集

編號	身長	重量	品種	品種代碼
1	33	802	小藍企鵝	0
2	34	1952	加拉帕戈斯企鵝	1
3	43	998	小藍企鵝	0
4	69	3626	南極企鵝	2
5	79	3425	南極企鵝	2

VLOOKUP( )

對應表

品種	品種代碼
小藍企鵝	0
加拉帕戈斯企鵝	1
南極企鵝	2

資料處理

將「品種」轉換成「品種代碼」（文字→數值）

探索性分析

「身長」和「重量」與「品種」具有關聯性

挑選模型

挑選「KNN 模型」做分類預測 —— 特徵：身長和重量
標籤：品種代碼

完成模型

❶ 計算距離   ❷ 計算遠近排名

兩點距離公式   RANK.EQ( ) + COUNTIF( )

❸ 找出k個鄰居的編號(K=3)

❹ 找出k個鄰居的品種代碼

與輸入資料的距離	遠近排名
1150	10
0	1
954	6
1674	12
1474	11

INDEX( )+MATCH( )   VLOOKUP( )

排名	編號	品種代碼
1	2	1
2	9	1
3	10	1

❺ 最多次數做為預測結果   MODE.SNGL( ) ┄> 預測品種代碼 1

分類預測

身長80公分、重量6250公克
➡ 預測品種代碼為「2」

80cm
6250g

預測結果是南極企鵝！

結果分析

第 7 章

機器學習實戰（二）：
KNN 做分類

本章利用機器學習做分類 (Classification) 的預測，只要給予電腦特徵與標籤資料，選定並建好模型後就可以進行分類預測。

7-1 機器學習前準備 — 以企鵝分類為例

在第 4 章中，我們利用企鵝資料集經過探索性資料分析後，得到了以下的推論：「想辨識 3 種企鵝的類別，身長和重量具有明顯的關聯性，也是在創建機器學習模型時重要的特徵。」接下來就使用「KNN」(K 最近鄰居法) 來實作，看看是否能夠進一步辨識出企鵝的正確類別。

資料科學 ➊ 問個感興趣的問題

Alice 在動物園企鵝館內，隨手拿起手機拍照記錄造訪的企鵝世界。在整理一張張可愛照片時，心中突然有個念想：

❶ 是否可以使用電腦來分辨它是屬於哪一個品種呢？

接下頁

資料取得

開啟「Ch07- 企鵝資料集」，觀察原始資料集中每一個欄位所包含的資料。共有 15 筆資料[註1]，包含編號、身長、重量及品種等欄位。

註1　為方便示範說明，本例只採取 15 筆，且工作表畫面已做適當的安排。

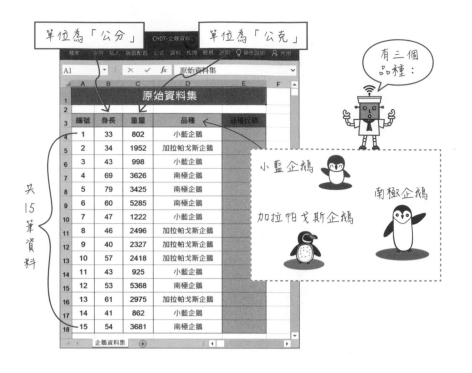

資料科學 ❷ 資料處理

接著進行相關的資料處理，操作方式如同第 3 章的說明。

- 瞭解各欄的資料型態。

- 檢查是否有缺失值的問題。

- 檢查是否有重複值的問題。

● 利用 VLOOKUP() 函數將品種欄位中的文字轉換成數值（品種代碼）。

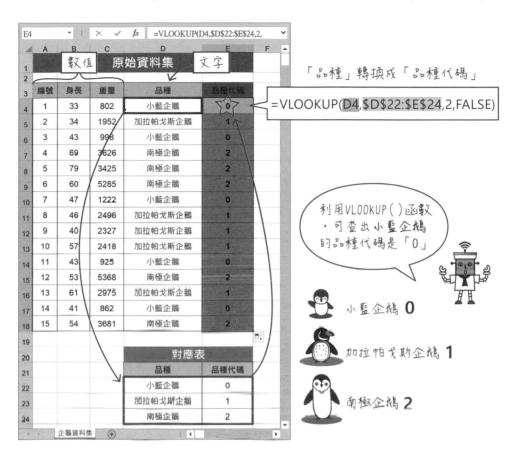

「品種」轉換成「品種代碼」

=VLOOKUP(D4,$D$22:$E$24,2,FALSE)

利用VLOOKUP()函數，可查出小藍企鵝的品種代碼是「0」

小藍企鵝 0
加拉帕戈斯企鵝 1
南極企鵝 2

探索性分析

0	1	2	3	4
感興趣的問題	資料取得	資料處理	探索性資料分析	機器學習做資料分析

依第 4 章探索性資料分析得知,「身長」及「重量」這兩個特徵與「品種」具有重要的關聯性,所以我們採用這兩欄做為接下來機器學習的特徵;「品種代碼」則為標籤。

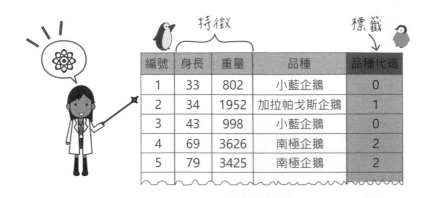

編號	身長	重量	品種	品種代碼
1	33	802	小藍企鵝	0
2	34	1952	加拉帕戈斯企鵝	1
3	43	998	小藍企鵝	0
4	69	3626	南極企鵝	2
5	79	3425	南極企鵝	2

資料科學 ❹　機器學習做資料分析

完成前面的階段之後,接著就要進行機器學習的分析實作,請繼續見下一節的說明。

7-2　機器學習實作 ─ 以企鵝分類為例

　　取得資料的特徵值 (X) 和標籤 (y) 之後，便能進行如第 5 章中所提到的機器學習實作步驟：挑選模型　→　完成模型　→　進行預測。本節採用 KNN 模型來實作，經過機器學習的過程，完成的結果將如下圖。

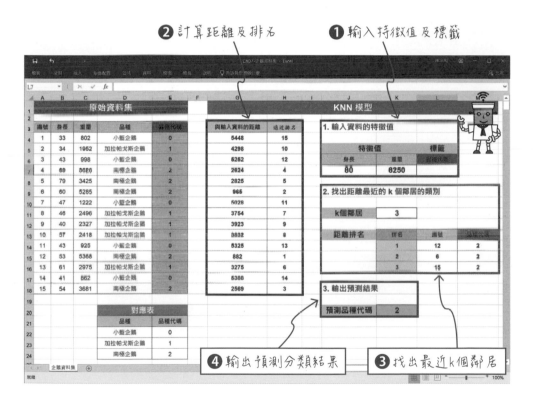

7-2-1　挑選模型

　　由探索性資料分析中指定特徵和標籤之後，我們可以提出如此的假設：「利用企鵝的身長及重量可以有效的進行企鵝品種的分類！」

　　首先設定原始資料集中的「身長」和「重量」兩個欄位「B4:C18」做為 KNN 模型的特徵值，「品種代碼」欄位「E4:E18」為標籤。

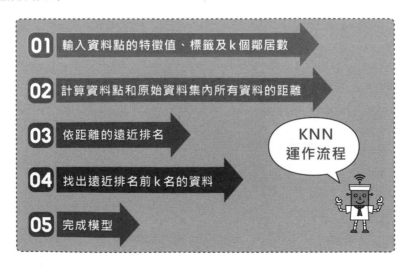

7-2-2　完成模型

　　KNN 模型是依據「距離最近的 k 個鄰居大部分是屬於哪一類別」來決定目前資料的類別，不同的 k 值得到的準確率可能不會相同。KNN 運作流程說明如下：

01 輸入資料點的特徵值、標籤及 k 個鄰居數

02 計算資料點和原始資料集內所有資料的距離

03 依距離的遠近排名

04 找出遠近排名前 k 名的資料

05 完成模型

KNN 運作流程

讓我們依以下的步驟來完成 KNN 模型吧！（本例設定 k=3）

01 輸入資料點的特徵值、標籤及鄰居數：先任選原始資料集中的一筆資料（如：編號 2），輸入此筆資料的身長「34」和重量「1952」做為特徵值，品種代碼「1」做為標籤，並在「K11」填入鄰居數「3」。

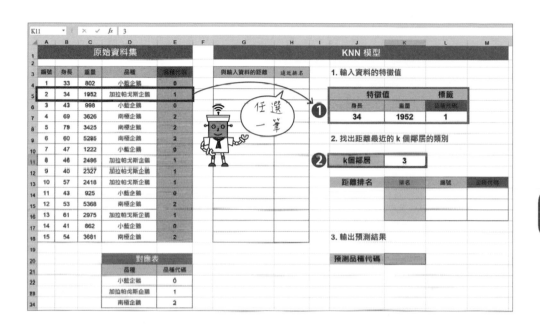

02 計算資料點和原始資料集內所有資料的距離：要找出距離最近的 3 個資料，首先利用下列的公式計算輸入資料和原始資料集內各筆資料之間的距離。

(1) 首先，輸入的資料（「J7:K7」）和原始資料編號 1（「B4:C4」）這兩筆資料的距離公式為 $\sqrt{(J7-B4)^2+(K7-C4)^2}$，因此在「G4」中輸入「=(($J$7-B4)^2 + ($K$7-C4)^2)^0.5」，計算出的距離值為「1150」。

(2) 完成後，將「G4」中的公式拖曳填滿「G4:G18」，計算輸入的
資料和原始資料集內所有資料的距離。

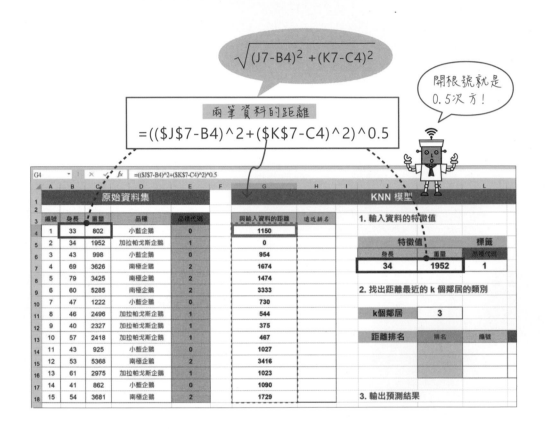

03 依距離的遠近排名：在「H4」中輸入「＝RANK.EQ
(G4,$G$4:$G$18,1)+COUNTIF($G$4:$G4,G4)-1」，完成後，將
「H4」的公式拖曳填滿「H4:H18」，計算出各個距離的遠近
排名。

遠近排名

$$=RANK.EQ(G4,\$G\$4:\$G\$18,1)+COUNTIF(\$G\$4:\$G4,G4)-1$$

| H4 | | ▼ | : | × | ✓ | fx | =RANK.EQ(G4,$G$4:$G$18,1)+COUNTIF($G$4:$G4,G4)-1 | | | | | |

RANK.EQ( )函數
+
COUNTIF( ) 函數

原始

	A	B	C	D	E	F	G	H	I	J	K	L
1										KNN 模型		
2												
3	編號	身長	重量				與輸入資料的距離	遠近排名	1. 輸入資料的特徵值			
4	1	33	80				1150	10				
5	2	34	1952				0	1	特徵值			標籤
6	3	43	998				954	6	身長		重量	類別代碼
7	4	69	3626	南極企鵝			1674	12	34		1952	1
8	5	79	3425	南極企鵝	2		1474	11				
9	6	60	5285	南極企鵝	2		3333	14	2. 找出距離最近的 k 個鄰居的類別			
10	7	47	1222	小藍企鵝	0		730	5				
11	8	46	2496	加拉帕戈斯企鵝	1		544	4	k個鄰居		3	
12	9	40	2327	加拉帕戈斯企鵝	1		375	2				
13	10	57	2418	加拉帕戈斯企鵝	1		467	3	距離排名		排名	編號
14	11	43	925	小藍企鵝	0		1027	8				
15	12	53	5368	南極企鵝	2		3416	15				
16	13	61	2975	加拉帕戈斯企鵝	1		1023	7				
17	14	41	862	小藍企鵝	0		1090	9				
18	15	54	3681	南極企鵝	2		1729	13	3. 輸出預測結果			
19												
20				對應表					預測品種代碼			
21				品種	品種代碼							
22				小藍企鵝	0							

7

加贈
知識

● 相同值給予相同名次

RANK.EQ() 函數預設會給相同的數字相同排名，因此上圖若只單用 RANK.EQ() 會影響後續數字的排名。

例如：園遊會場中七項闖關活動目前報名人數如下圖所示，Bob 想進行活動人氣排名。他使用 RANK.EQ() 函數來計算排名。

1. 在「B2」輸入公式「=RANK.EQ(A2,$A$2:$A$8)」得到排名第「4」。

接下頁

2. 將「B2」的公式拖曳填滿到「B3:B8」中，發現「A7」也是排名第「4」。這是因為數字「6」出現兩次，所以排名皆為「4」，後續的數字「3」排名為「6」，沒有排名「5」的數字。

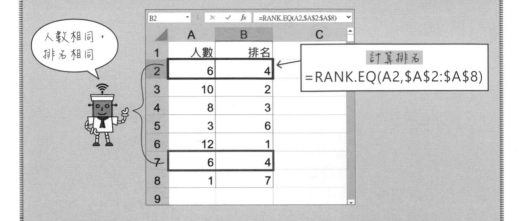

- 相同值給予不同名次

　配合 COUNTIF() 函數來統計相同數字出現的次數，例如：將公式修改為「=RANK.EQ(A2,$A$2:$A$8)+COUNTIF($A$2:$A2,A2)-1」即可得到不跳過數字的排名。説明如下：

「B2」：COUNTIF(A$2:A2,A2) 統計在 A2～A2 範圍內「A2」(數字 6) 出現的次數為 1，所以「=RANK.EQ(A2,$A$2:$A$8)+COUNTIF($A$2:$A2,A2)-1」的計算結果為 4＋1-1=4。

「B7」：COUNTIF(A$2:A7,A7) 統計在 A2～A7 範圍內「A7」(數字 6) 出現的次數為 2，所以「=RANK.EQ(A7,$A$2:$A$8)+COUNTIF($A$2:$A7,A7)-1」的計算結果為 4＋2-1=5。

接下頁

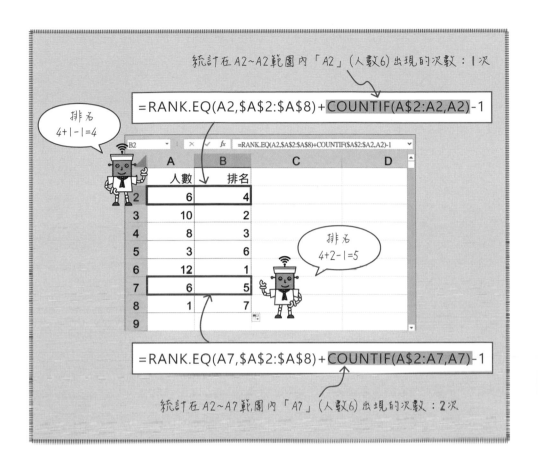

04 找出遠近排名前 3 名[註2] 的資料：利用以下的公式找出原始資料集中距離輸入資料最近的 3 筆資料。

(1) 在儲存格「K14:K16」輸入排名 1, 2, 3。

(2) 在儲存格「L14」輸入公式「=INDEX($A$4:$A$18, MATCH (K14,$H$4:$H$18,0))」，可得到距離最近的資料編號是「2」。

註2　假設 k = 3。

(3) 在儲存格「M14」輸入公式「=VLOOKUP(L14, $A$4:$E$18, 5, FALSE)」，找出資料編號「2」的品種代碼為「1」(加拉帕戈斯企鵝)。

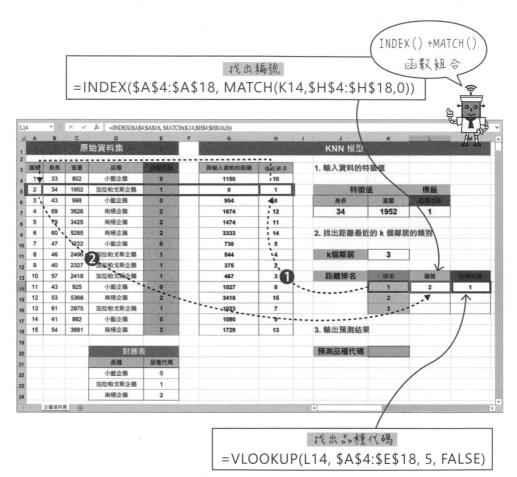

INDEX() +MATCH() 函數組合

找出編號
=INDEX($A$4:$A$18, MATCH(K14,$H$4:$H$18,0))

找出品種代碼
=VLOOKUP(L14, $A$4:$E$18, 5, FALSE)

INDEX() + MATCH() 函數組合　根據排名尋找編號

❶ 先利用 MATCH 函數：找出排名「1」是在「$H$4:$H$18」第 2 個位置

❷ 再利用 INDEX 函數：將「$A$4:$A$18」範圍中第 2 筆資料 (即「2」) 傳回

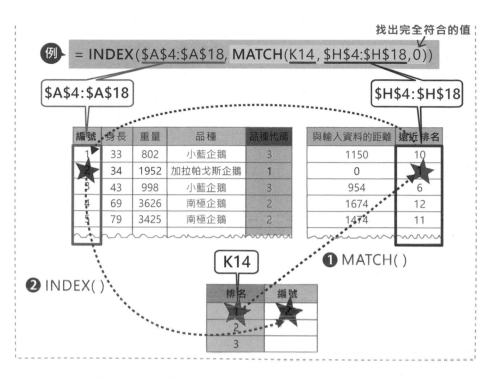

(4) 將「L14」和「M14」的公式分別拖曳填滿至「L14:L16」及「M14:M16」，得到排名前 3 的資料編號為「2、9、10」，品種代碼皆為「1」。

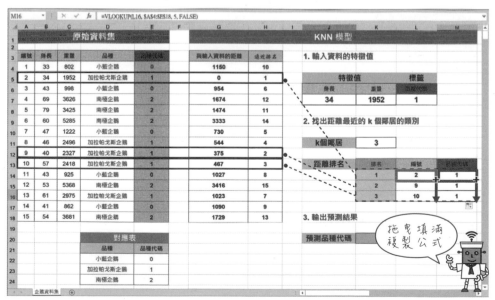

加廣
知識

● 找出某值出現在範圍中的第幾個儲存格：MATCH() 函數

例如：由某公司各分區年度銷售金額工作表

1. 要找出 " 排名 " 是位於範圍「A1:G1」第「幾」個儲存格中的值：

   =MATCH (" 排名 ", A1:G1, 0) ← =7，表示在搜尋範圍中的第「7」個儲存格

2. 要找出排名第「1」位於範圍「G2:G5」中的第「幾」個儲存格：

   =MATCH (1, G2:G5, 0) ← =4，表示在搜尋範圍中的第「7」個儲存格

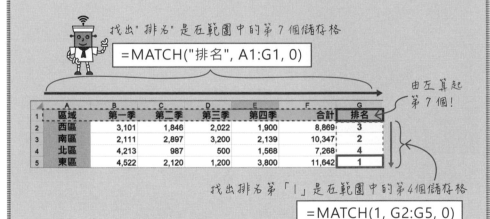

找出" 排名 "是在範圍中的第 7 個儲存格

=MATCH("排名", A1:G1, 0)

由左算起第 7 個！

	A	B	C	D	E	F	G
1	區域	第一季	第二季	第三季	第四季	合計	排名
2	西區	3,101	1,846	2,022	1,900	8,869	3
3	南區	2,111	2,897	3,200	2,139	10,347	2
4	北區	4,213	987	500	1,568	7,268	4
5	東區	4,522	2,120	1,200	3,800	11,642	1

找出排名第「1」是在範圍中的第 4 個儲存格

=MATCH(1, G2:G5, 0)

● 取出範圍中位於第幾列或第幾欄之儲存格內的資料：INDEX() 函數

例如：由某公司各分區年度銷售金額工作表取出位於範圍「A2:A5」中第「4」個儲存格內的資料：

   =INDEX(A2:A5,4) ← 東區，表示取出範圍中第「4」個儲存格的值

接下頁

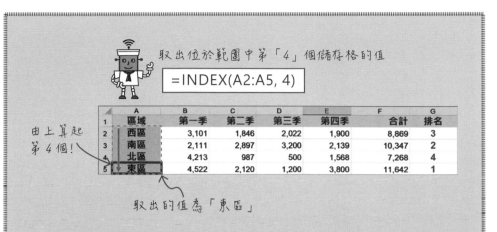

取出位於範圍中第「4」個儲存格的值

=INDEX(A2:A5, 4)

由上算起第 4 個！

	A	B	C	D	E	F	G
1	區域	第一季	第二季	第三季	第四季	合計	排名
2	西區	3,101	1,846	2,022	1,900	8,869	3
3	南區	2,111	2,897	3,200	2,139	10,347	2
4	北區	4,213	987	500	1,568	7,268	4
5	東區	4,522	2,120	1,200	3,800	11,642	1

取出的值為「東區」

- 增添查表的使用彈性：MATCH() ＋ INDEX() 函數組合

使用 VLOOKUP() 函數來尋找資料時，有一個限制就是要尋找的值必須位於表格範圍的「第 1 欄」。例如：要由「A2:G5」的範圍中找出「排名第 1 的區域名稱」時，因為「排名」不是位於範圍的第 1 欄，所以 VLOOKUP 就無法找到正確的答案！這時候就可以利用「MATCH() 函數 ＋ INDEX() 函數」聯合來達成。

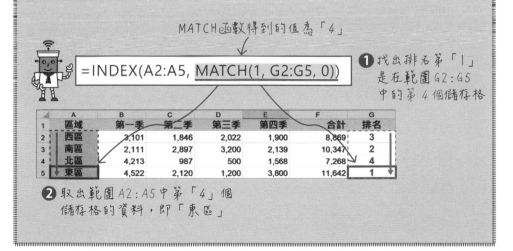

MATCH函數得到的值為「4」

=INDEX(A2:A5, MATCH(1, G2:G5, 0))

❶ 找出排名第「1」是在範圍 G2:G5 中的第 4 個儲存格

	A	B	C	D	E	F	G
1	區域	第一季	第二季	第三季	第四季	合計	排名
2	西區	3,101	1,846	2,022	1,900	8,869	3
3	南區	2,111	2,897	3,200	2,139	10,347	2
4	北區	4,213	987	500	1,568	7,268	4
5	東區	4,522	2,120	1,200	3,800	11,642	1

❷ 取出範圍 A2:A5 中第「4」個儲存格的資料，即「東區」

7

05 完成模型：取得距離最近的 3 個資料品種代碼之後，以出現最多次的品種代碼做為未來預測結果，即完成模型。在「K20」中輸入公式「=MODE.SNGL(M14:M16)」，得到預測結果為品種代碼「1」。如果模型的預測結果 (位於「K20」) 和標籤 (位於「L7」) 相同的話，表示預測正確。

MODE.SNGL ( ) 函數 用來計算最多重複或最常出現的值

例 = MODE.SNGL (M14 : M16) 計算在範圍「M14:M16」的儲存格中最常出現的值

加廣知識

眾數 (mode) 是指在資料統計中求出一群資料出現最多的數，Excel 試算表提供了 MODE.SNGL() 函數和 MODE.MULT() 函數 [註2] 可以用來計算眾數。

註2　SNGL.意指單一個 (single)，MULT意指多個 (multiple)。

加廣知識

- MODE.SNGL() 函數：主要用來計算只有 1 個眾數。

　例如：7 筆資料「1, 4, 2, 3, 2, 2, 4」的眾數是「2」(即出現最多的數)。

- MODE.MULT() 函數：用來計算 2 個以上的眾數。

　例如：8 筆資料「1, 4, 2, 3, 2, 2, 4, 4」，出現最多的數有兩個，即「2」和「4」，這時候就需要改用可以得到兩個以上眾數的 MODE.MULT() 函數。

 ## 7-2-3　分類預測

　　完成模型後，讓我們利用 KNN 模型來進行企鵝分類預測吧！例如給一隻新的企鵝的特徵值：「身長 80 公分、重量 6250 公克」，看看模型會把這隻企鵝辨識為哪一個品種？

01 輸入預測資料特徵值：在儲存格「J4」與「K4」分別輸入要預測的企鵝身長 (80) 和重量 (6250)，並清除原來「L7」內的「1」。

> 輸入預測資料特徵值

	A	B	C	D	E	F	G	H	I	J	K
1			原始資料集						KNN 模型		
2											
3	編號	身長	重量	品種	品種代碼		與輸入資料的距離	遠近排名	1. 輸入資料的特徵值		
4	1	33	802	小藍企鵝	0		5448	15		特徵值	標籤
5	2	34	1952	加拉帕戈斯企鵝	1		4298	10	身長	重量	品種代碼
6	3	43	998	小藍企鵝	0		5252	12			
7	4	69	3626	南極企鵝	2		2624	4	80	6250	
8	5	79	3425	南極企鵝	2		2825	5			

因為是預測未知品種的資料，所以此處不須輸入標籤值！

02 進行預測：KNN 模型會依設定的公式自動計算「待預測資料的特徵值與原始資料集各筆的距離」，並找出距離排名前 3 名的三個鄰居之品種代碼。

	A	B	C	D	E	F	G	H	I	J	K	L	M	N
1			**原始資料集**							**KNN 模型**				
2														
3	編號	身長	重量	品種	品種代碼		與輸入資料的距離	遠近排名		1. 輸入資料的特徵值				
4	1	33	802	小藍企鵝	3		5448	15						
5	2	34	1952	加拉帕戈斯企鵝	1		4298	10			**特徵值**			
6	3	43	998	小藍企鵝	3		5252	12			身長	重量		
7	4	69	3626	南極企鵝	2		2624	4			80	6250		
8	5	79	3425	南極企鵝	2		2825	5						
9	6	60	5285	南極企鵝	2		965	2		2. 找出距離最近的 k 個鄰居的類別				
10	7	47	1222	小藍企鵝	3		5028	11						
11	8	46	2496	加拉帕戈斯企鵝	1		3754	7		k個鄰居	3			
12	9	40	2327	加拉帕戈斯企鵝	1		3923	9						
13	10	57	2418	小藍企鵝	1		3832	8		**距離排名**	排名	編號	品種代碼	
14	11	43	925	小藍企鵝	3		5325	13			1	12	2	
15	12	53	5368	南極企鵝	2		882	1			2	6	2	
16	13	61	2975	加拉帕戈斯企鵝	1		3275	6			3	15	2	

距離排名前3名的鄰居之品種代碼

03 輸出預測結果：在「K20」中顯示預測結果為品種代碼「2」(南極企鵝)。

	A	B	C	D	E	F	G	H	I	J	K	L	M	N
1			**原始資料集**							**KNN 模型**				
2														
3	編號	身長	重量	品種	品種代碼		與輸入資料的距離	遠近排名		1. 輸入資料的特徵值				
4	1	33	802	小藍企鵝	3		5448	15						
5	2	34	1952	加拉帕戈斯企鵝	1		4298	10			**特徵值**		**標籤**	
6	3	43	998	小藍企鵝	3		5252	12			身長	重量	品種代碼	
7	4	69	3626	南極企鵝	2		2624	4			80	6250		
8	5	79	3425	南極企鵝	2		2825	5						
9	6	60	5285	南極企鵝	2		965	2		2. 找出距離最近的 k 個鄰居的類別				
10	7	47	1222	小藍企鵝	3		5028	11						
11	8	46	2496	加拉帕戈斯企鵝	1		3754	7		k個鄰居	3			
12	9	40	2327	加拉帕戈斯企鵝	1		3923	9						
13	10	57	2418	加拉帕戈斯企鵝	1		3832	8		**距離排名**	排名	編號	品種代碼	
14	11	43	925	小藍企鵝	3		5325	13			1	12	2	
15	12	53	5368	南極企鵝	2		882	1			2	6	2	
16	13	61	2975	加拉帕戈斯企鵝	1		3275	6			3	15	2	
17	14	41	862	小藍企鵝	3									
18	15	54	3681	南極企鵝	2					3. 輸出預測結果				
19														
20				**對應表**						預測品種代碼	2			
21				品種	品種代碼									
22				加拉帕戈斯企鵝	1									
23				南極企鵝	2									
24				小藍企鵝	3									

預測結果為品種代碼「2」

南極企鵝

 ## 7-2-4　分析結果

　　經由以上實作得知，利用 KNN 機器學習演算法來進行分類是可行的。以本例而言，完成模型後我們給了一筆新的企鵝特徵值資料 (80, 6250)，KNN 模型能正確地預測出它是「南極企鵝」。這樣的機器學習也適合應用於以下情境：

● 由 Titanic（鐵達尼號）乘客的性別、年齡、艙等來預測沉船災難時是否可以生還。

● 由鳶尾花的花萼、花瓣的長度與寬度預測品種。

● 由一個人的身長與胸寬來預測適合他的 T-shirt 尺寸。

● 由一個人的性別與身高預測鞋的尺寸。

本章學習操演（一）

這天 Alice 到美術館參觀梵谷的名畫世界展覽，看到了一幅《鳶尾花》(Irises) 的作品。剛好最近正在研究「Iris 資料集」，心中突然有個念想：「可以用 KNN 模型來預測畫中的鳶尾花是屬於哪一個品種嗎？」依據之前的探索性分析，他提出了以下的假設：「利用花萼及花瓣的長度與寬度，可以有效預測辨識鳶尾花的品種！」並且實際採用 KNN 進行分類預測，看看結果會是如何。

演練內容

01 資料取得：開啟「Ch07-Iris」，檢視原始資料集中的資料筆數 (共有 ＿＿＿＿＿＿ 筆)，以及所包含的欄位名稱和內容。

02 資料處理：將鳶尾花品種 (F 欄) 中的字串資料轉換成數值的品種代碼，山鳶尾花 → 1、變色鳶尾花 → 2、維吉尼亞鳶尾花 → 3。完成後，將轉換得到的品種代碼填入相對應的儲存格中 (G 欄)。

 提示 文字轉換成相對應的數值：VLOOKUP() 函數

03 探索性資料分析：參考 Ch04 實作，觀察各鳶尾花品種的花萼長度、花萼寬度、花瓣長度、花瓣寬度的統計數據和分佈情形。

項目	花萼長度	花萼寬度	花瓣長度	花瓣寬度
筆數				
平均值				
最大值				
最小值				

04 完成模型：

(1) 指定特徵 (X) 和標籤 (y)：Alice 應該將「Iris 資料集」工作表中的哪幾個欄位資料指定為特徵？同理，哪幾個欄位資料適合用來做為標籤？

(2) 設定 k 值：Alice 在此處將 k 值設為 3。KNN 模型依據不同的 k 值所得到的準確率可能不會相同，究竟 k 值應該設定為多少效果會比較好呢？

(3) 輸入資料點的特徵值、標籤及鄰居數：任選原始資料集中的一筆資料，在「L7:P7」輸入此筆資料相對應的特徵值和標籤，並在「M11」填入鄰居數「3」。

(4) 計算輸入資料和原始資料集內所有資料的距離：利用距離公式計算 (3) 中的輸入資料和原始資料集內各筆資料之間的距離 (I 欄)。

提示 兩筆資料的距離參考公式：
「=(($L$7-B4)^2 + ($M$7-C4)^2 + ($N$7-D4)^2 + ($O$7-E4)^2)^0.5」

(5) 計算各個距離的遠近排名：依據 (4) 中的計算結果，完成各個距離的遠近排名 (J 欄)。

提示　相同值給予不同名次：RANK.EQ()+COUNTIF()-1
　　　　數值大小排名：RANK.EQ() 函數
　　　　計算符合條件的個數：COUNTIF() 函數

(6) 找出遠近排名前 3 名的資料：從 (5) 得到的排名中找出與選定資料最近的前 3 筆資料，並將其編號及品種代碼顯示在「N14:O16」。

提示　根據排名尋找編號：INDEX() + MATCH() 函數
　　　　取出範圍中某儲存格的資料：INDEX() 函數
　　　　找出內容符合的儲存格：MATCH() 函數
　　　　回傳尺寸代碼：VLOOKUP() 函數

(7) 得到預測結果：在「M20」中計算並顯示「O14:O16」內出現最多次的品種代碼，做為模型預測的結果。

提示　計算最常出現的值：MODE.SNGL() 函數

05 進行預測：輸入一朵鳶尾花的特徵值，花萼長度 6.2cm、花萼寬度 3.5cm、花瓣長度 5.4cm 及花瓣寬度 2cm，利用建好的 KNN 模型預測這朵鳶尾花的品種為何？

參考結果

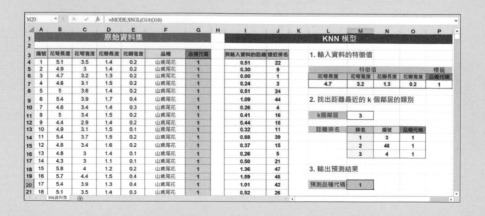

本章學習操演（二）

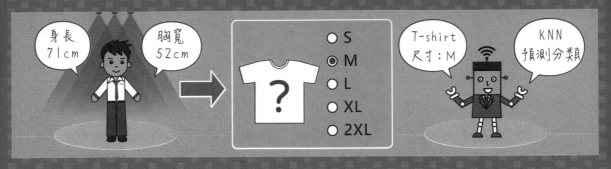

Bob 為了開發潮 T 電商事業，最近特別針對「T-shirt 資料集」進行探索性分析。他提出了以下的假設：「利用身長及胸寬可以預測 T-shirt 的尺寸！」他使用 KNN 機器學習模型來實作，看看有沒有辦法以朋友們的資料進行分類預測。

演練內容

01 資料取得：開啟「Ch07-T-shirt」，檢視原始資料集中的資料筆數（共有 _____ 筆），以及所包含的欄位名稱和內容。

02 資料處理：將尺寸 (D 欄) 中的字串資料轉換成數值的尺寸代碼，S → 1、M → 2、L → 3、XL → 4、2XL → 5。完成後，將轉換得到的尺寸代碼填入相對應的儲存格中 (E 欄)。

提示? 文字轉換成相對應的數值：VLOOKUP() 函數

03 探索性資料分析 ： 參考 Ch04 實作，觀察 T-shirt 各種尺寸的身長、胸寬的統計數據和分佈情形。

項目	身長	胸寬
筆數		
平均值		
最大值		
最小值		

04 完成模型：

(1) Bob 應該將「T-shirt 資料集」工作表中的哪幾個欄位資料指定為特徵 (X) ？同理，哪一個欄位資料適合用來做為標籤 (y) ？

(2) Bob 將 k 值設定為「3」，任選原始資料集中的一筆資料，在「J7:L7」輸入此筆資料相對應的特徵值和標籤。

(3) 計算 (2) 中的輸入資料和原始資料集內各筆資料之間的距離 (G 欄)。

 提示　兩筆資料的距離參考公式：
「=(($J$7-B4)^2 + ($K$7-C4)^2)^0.5」

(4) 計算每一筆資料和 (2) 中輸入資料的距離排名 (H 欄)。

 提示　數值大小排名：RANK.EQ() 函數
計算符合條件的個數：COUNTIF() 函數

(5) 找出與選定資料最近的前 3 筆 (若 k=3) 資料，將其編號及尺寸代碼顯示在「L14:M16」。

 提示　取出範圍中某儲存格的資料：INDEX() 函數
找出內容符合的儲存格：MATCH() 函數
回傳尺寸代碼：VLOOKUP() 函數

(6) 得到預測結果：在「K20」中計算並顯示「M14:M16」內出現最
多次的尺寸代碼，做為模型預測的結果。

提示：計算最常出現的值：MODE.SNGL() 函數

05 進行預測：完成機器學習模型後，分別利用二位朋友的資料預測他
們應該選擇哪一種 T-shirt 的尺寸。

性別	身長	胸寬	BMI
女	69	55	20.19
男	82	70	24.85

參考結果

K20 | × ✓ fx =MODE.SNGL(M14:M16)

	A	B	C	D	E	F	G	H	I	J	K	L	M
3	編號	身長	胸寬	尺寸	尺寸代碼		與輸入資料的距離	遠近排名		**1. 輸入資料的特徵值**			
4	1	79	60	2XL	5		0.0	1					
5	2	78	61	2XL	5		1.4	3		特徵值		標籤	
6	3	66	47	S	1		18.4	45		身長	胸寬	尺寸代碼	
7	4	70	52	M	2		12.0	34		79	60	5	
8	5	79	62	2XL	5		2.0	5					
9	6	72	53	M	2		9.9	30		**2. 找出距離最近的 k 個鄰居的類別**			
10	7	72	54	L	3		9.2	27					
11	8	78	62	2XL	5		2.2	6		k個鄰居	3		
12	9	71	51	M	2		12.0	35					
13	10	68	50	S	1		14.9	41		距離排名	排名	編號	尺寸代碼
14	11	77	57	XL	4		3.6	10			1	1	5
15	12	75	53	L	3		8.1	23			2	27	5
16	13	78	59	XL	4		1.4	4			3	2	5
17	14	73	53	L	3		9.2	28					
18	15	77	57	XL	4		3.6	11		**3. 輸出預測結果**			
19	16	74.2	53.9	L	3		7.8	21					
20	17	77	58	XL	4		2.8	9		預測尺寸代碼	5		
21	18	76	58	XL	4		3.6	12					
22	19	65	47	S	1		19.1	46					

T-shirt資料集

K-means 分群預測

開啟
資料集

資料
處理

探索性
分析

挑選
模型

完成
模型

分群
預測

分析
結果

好多企鵝呀！
有多少種類？

K-means

分群

採用「身長」和「重量」做為特徵

挑選「K-means」做分群預測

K-means 運作流程

01 設定最初群中心點　假設K=3, 分ABC三群

⬇

02　　進行分群

2-1　依最近距離分群 ◀

2-2　重新設定群中心點後再次分群

2-3　統計前後二次分群結果 ●

若每個資料點前後二次
分群結果仍有變動時，
須重新進行分群。

⬇

03　　完成分群

當每個資料點所屬的群已經穩定
(或不再改變)，就完成了分群。

50cm、2820g

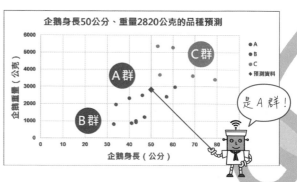

企鵝身長50公分、重量2820公克的品種預測

是A群！

第8章

機器學習實戰 (三)：
K-means 做分群

有些問題我們對於「哪一類」並不會太在意，反倒是屬於「哪一群」則會更加感興趣。例如：我們不關心某一本書它是屬於小說類、理財類或者設計類中的哪一類 (分類)，反而比較想知道這本書應該推薦給 A 群、B 群或 C 群的哪一群人 (分群)。

前兩章使用的「線性迴歸」以及「KNN」都是屬於機器學習裡的「監督式學習」，本章將使用「非監督式學習」中相當重要的分群演算法：K-means (K-平均法)。

8-1 機器學習前準備 — 以企鵝分群為例

　　在第 7 章中，我們利用企鵝資料集的「品種」做為「標籤」，也就是標準答案，屬於「監督式學習」；本章則使用「K-means」來實作如何透過企鵝的身長與體重做分群，是屬於「非監督式學習」，只有「特徵」沒有「標籤」。

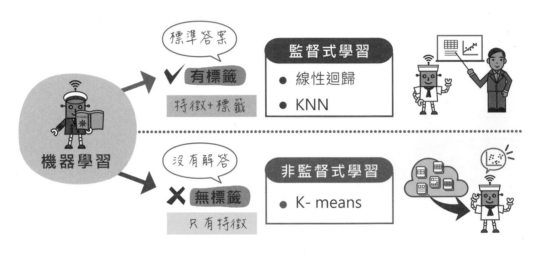

資料科學 ⓪ 問個感興趣的問題

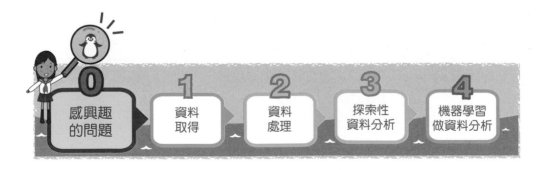

Alice 在動物園企鵝館內看見一大群不同品種的企鵝混雜在一起，當時她並不知道這些企鵝們的品種。突然間，她發現偏遠的角落有一隻企鵝形單影支，不禁想著：「落單的牠是屬於哪一群的呢？」

我們搜集了許多企鵝的資料，雖然不知道品種，但是憑著企鵝的身長和重量等特徵 ...

❶ 是不是有可能使用電腦對這些企鵝進行分群呢？

❷ 假設 K-means 的機器學習模型已經建構完成，有沒有辦法根據我們實際觀測到一隻企鵝的身長及重量正確地預測出它是屬於哪一群呢？

資料科學 ❶ 資料取得

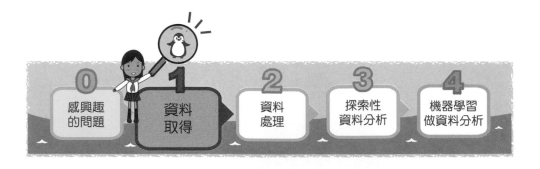

開啟「Ch08- 企鵝資料集」，並切換至「K-means 模型」工作表。首先觀察原始的資料集中每一個欄位所包含的資料，所取得的資料筆數為 15 筆[1]，包含編號、身長及重量等 3 個欄位。

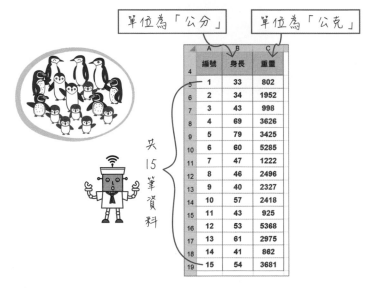

▲「企鵝資料集」原始資料

註1　為方便示範說明，本例只採取 15 筆，且工作表畫面已做適當的安排。

❷ 資料處理

　　先瞭解各欄的標題與資料型態　→　檢查是否有缺失值的問題　→　檢查有無重複值的問題，這些操作都如同前面幾章的說明。

❸ 探索性分析

　　「分群」和第 7 章「分類」不同的地方在於：「分類」需要先給予標籤 (Label)，例如企鵝的品種（標準答案），而「分群」則是不需知道所有企鵝的品種，所以此處不必指定標籤。

　　透過第 4 章的探索性資料分析，本章將採用企鵝的「身長」及「重量」這兩欄做為接下來 K-means 機器學習的「特徵」。

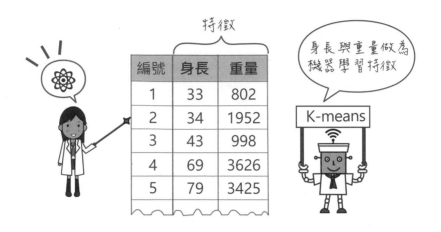

 ④ 機器學習做資料分析

　　完成前面的階段之後，接著就要進行機器學習的分析實作，請繼續見下一節的說明。

8-2　機器學習實作 — 以企鵝分群為例

　　取得資料的特徵值之後，便能開始進行機器學習實作步驟：挑選模型 → 完成模型 → 預測分群。經過 K-means 機器學習的過程，完成的結果將如下圖。此處讓各位先對大致的步驟有點概念，後續會一一說明。

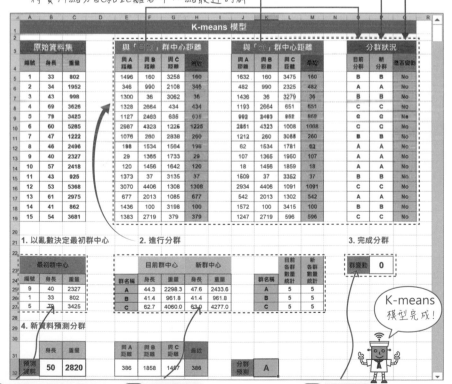

進行分群！

2-3 統計前後二次分群結果
比對前後二次分群是否變動，若有變動則須重新分群

2-2 重新設定群中心點後再次分群
計算每個資料點到新群中心的距離，將資料點分配給距離新中心點最近的群

2-1 依最近距離分群
計算每個資料點到目前群中心的距離，將資料點分配給距離各中心點最近的群

01 設定最初群中心點
隨機取出 3 筆資料，設定為最初群中心

02 進行分群
若每個資料點前後二次分群結果仍有變動時，須重新進行分群。

03 完成分群
當每個資料點所屬的群已經穩定（或不再改變），就完成了分群。

K-means 模型完成！

因為 K-means 模型涉及的運算相當多，有關模型運作所使用的公式和函數已預先輸入於工作表中，所以接下來的內容主要在於觀察模型內部的運算步驟。

8-2-1 挑選模型

由探索性資料分析中選用特徵之後，我們可以提出如此的假設：「利用企鵝的身長與重量自行學習如何分成數群，並且可以有效辨識新進企鵝所屬的群！」

首先設定原始資料集中的「身長」和「重量」兩個欄位，即範圍「B5:C19」，做為 K-means 模型的特徵值。

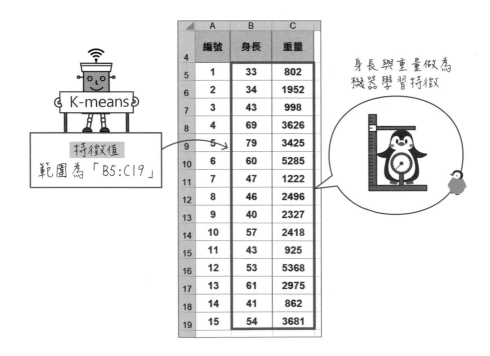

	A	B	C
4	編號	身長	重量
5	1	33	802
6	2	34	1952
7	3	43	998
8	4	69	3626
9	5	79	3425
10	6	60	5285
11	7	47	1222
12	8	46	2496
13	9	40	2327
14	10	57	2418
15	11	43	925
16	12	53	5368
17	13	61	2975
18	14	41	862
19	15	54	3681

身長與重量做為機器學習持徵

特徵值範圍為「B5:C19」

8-2-2 完成模型

K-means 是「依特徵的平均值分 k 群」，也就是「找出資料點與哪一個群的中心距離最近，再歸於該群」，不同的 k 值得到的結果可能不會相同。運作流程說明如下：

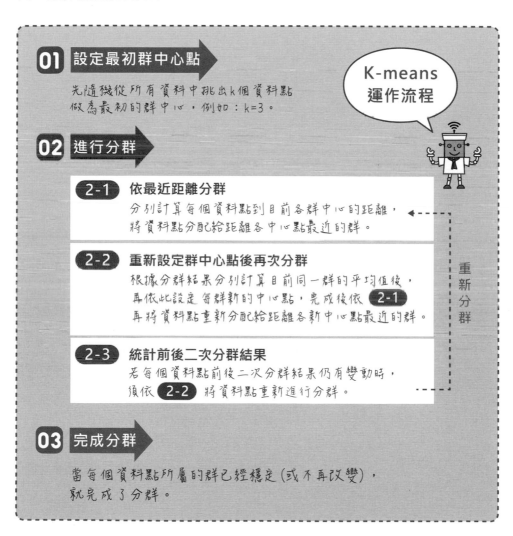

讓我們依以下的步驟來完成 K-means 模型吧！(本例設定 k=3，讀者可以將模型的 k 值調成 2 或 4，看看結果有何不同)

01 設定最初群中心點：在工作表中「**1. 以亂數決定最初群中心 ／ 最初群中心**」這一區，利用隨機 註2 方式抓取所有編號中相異的 3 個，並取得「身長」和「重量」這兩個特徵值。

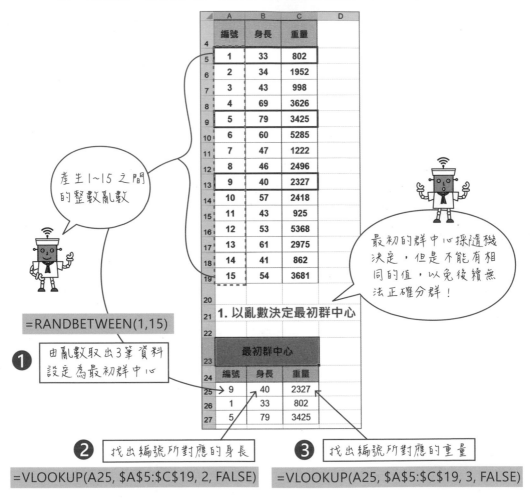

註2　由於是利用隨機方式抓取得來的資料，所以讀者在實際操作時的數據，可能會和本書的操作畫面有所不同。

tip

隨機產生的群中心若有相同(即身長和重量值都相等)，將會造成無法正確分群！

「當有2個群中心相同時，雖然產生3個群中心，其實只有2個群中心。」

➡ 若此狀況發生時，可以在任一空白儲存格按 Delete 鍵，由亂數公式再重新產生整數，一直到3個群中心都不相同為止。

02 進行分群：將工作表中「**1. 以亂數決定最初群中心**／ 最初群中心 」3 個點的身長和重量「B25:C27」以『貼上選項／值』的方式將值放入工作表中的「**2. 進行分群**／ 目前群中心 」的「F25:G27」。進行分群的操作方式及說明如下。

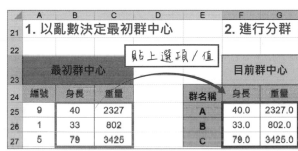

2-1 依最近距離分群：在工作表中設定公式來計算原始 15 筆資料點和 3 個群中心的距離。觀察整個工作表的計算過程，以下是細部的計算情形和說明。

❶ 計算每個資料點到「 目前群中心 」的距離：以原始資料集編號 1 「B5:C5」為例，利用如下的公式分別計算與工作表中 「**2. 進行分群**／ 目前群中心 」「F25:G27」的距離，將求出的結果 記錄於「 與「 目前 」群中心距離 」的「E5:G5」儲存格中。接下來再 依同樣的方式計算並記錄其餘 14 筆資料於相對應的 「E6:G19」內。

例 ・「E5」：編號 1 與 A 群中心距離

　　= ((B5-$F$25)^2+(C5-$G$25)^2)^0.5

　　$= \sqrt{(33-40.0)^2 + (802-2327.0)^2} = 1525$

・「F5」：編號 1 與 B 群中心距離

　　$= \sqrt{(33-33.0)^2 + (802-802.0)^2} = 0$

・「G5」：編號 1 與 C 群中心距離

　　$= \sqrt{(33-79.0)^2 + (802-3425.0)^2} = 2623$

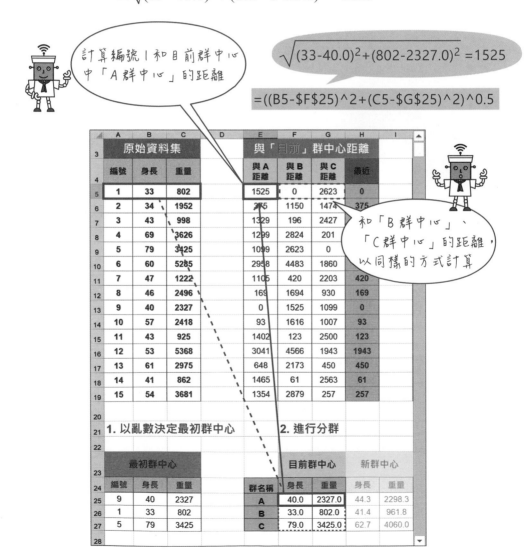

❷ 將資料點分配給距離各中心點最近的群：經由 ❶ 計算後的結果
得知，編號 1 和目前 3 個群中心的最近距離值為「0」，將之
記錄於「與「 與「目前」群中心距離 」的「H5」儲存格中。經過比
對之後得到此次的分群結果為「B」，最後把它記錄在「 分群狀況
／ 目前分群 」的「O5」儲存格。

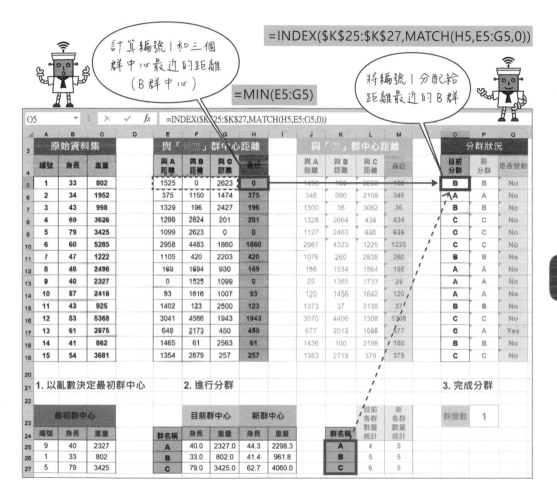

操作到這裡已經可以得到初步的分群結果，各群的狀況如下圖。

O5　｜　×　✓　fx　=INDEX($K$25:$K$27,MATCH(H5,E5:G5,0))

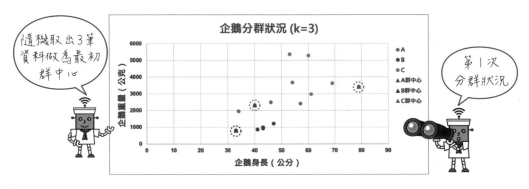

編號	身長	重量	與A距離	與B距離	與C距離	最近	與A距離	與B距離	與C距離	最近	目前分群	新分群	是否變動
1	33	802	1525	0	2623	0					B	B	No
2	34	1952	375	1150	1474	375	99		2108	346	A	A	No
3	43	998	1329	196	2427	196	36		3062	36	B	B	No
4	69	3626	1299	2824	201	201		2664	434	434	C	C	No
5	79	3425	1099	2623	0	0		2463	635	635	C	C	No
6	60	5285	2958	4483	1860	1860	2987	4323	1225	1225	C	C	No
7	47	1222	1105	420	2203	420	1076	260	2838	260	B	B	No
8	46	2496	169	1694	930	169	198	1534	1564	198	A	A	No
9	40	2327	0	1525	1099	0	29	1365	1733	29	A	A	No
10	57	2418	93	1616	1007	93	120	1456	1642	120	A	A	No
11	43	925	1402	123	2500	123	1373	37	3135	37	B	B	No
12	53	5368	3041	4566	1943	1943	3070	4406	1308	1308	C	C	No
13	61	2975	648	2173	450	450	677	2013	1085	677	C	C	Yes
14	41	862	1465	61	2563	61	1436	100	3198	100	B	B	No
15	54	3681	1354	2879	257	257	1383	2719	379	379	C	C	No

原始資料集　｜　與「目前」群中心距離　｜　分群狀況

將每筆資料分配給距離最近的群

隨機取出 3 筆資料做為最初群中心

第 1 次分群狀況

▲「第一次分群狀況」散佈圖

2-2 重新設定群中心點後再次分群：觀察整個工作表的計算過程，以下是細部的計算情形和說明。

❶ 依「分群狀況／目前分群」計算同一群身長和重量的平均值：

- 以同樣是 A 群的 4 筆資料 (資料編號 2,8,9,10) 為例，利用公式計算此 4 筆資料的平均身長為「44.3」、平均重量「2298.3」，將求出的結果記錄於工作表中「**2. 進行分群**／新群中心／ A 群」的身長「H25」和重量「I25」中。

- 再依同樣的方式計算並記錄 B 群和 C 群的平均身長及重量
於相對應的儲存格內，即可計算出新的群中心「H25:I27」。

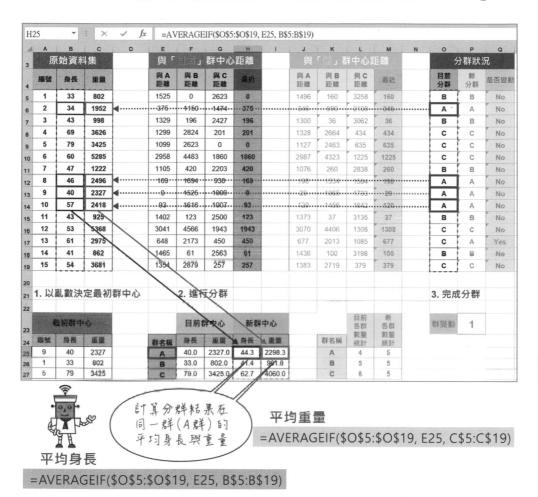

平均身長
=AVERAGEIF($O$5:$O$19, E25, B$5:B$19)

平均重量
=AVERAGEIF($O$5:$O$19, E25, C$5:C$19)

計算分群結果在同一群(A群)的平均身長與重量

❷ 計算各資料點與「新群中心」的距離：得到新的群中心「H25:I27」
後，接著模型會計算各資料點與「新群中心」的距離。

- 以資料編號 1（「B5:C5」）為例，利用如下的公式分別計算
與工作表中「2. 進行分群／新群中心」的距離，將求出的結果
記錄於「與「新」群中心距離」的「J5:L5」中。

- 再依同樣的方式計算並記錄其餘 14 筆資料於相對應的「J6:L19」內。

例 「J5」：編號 1 與 A 群中心距離
$$= \sqrt{(33-44.3)^2 + (802-2298.3)^2} = 1496$$

「K5」：編號 1 與 B 群中心距離
$$= \sqrt{(33-41.4)^2 + (802-961.8)^2} = 160$$

「L5」：編號 1 與 C 群中心距離
$$= \sqrt{(33-62.7)^2 + (802-4060.0)^2} = 3258$$

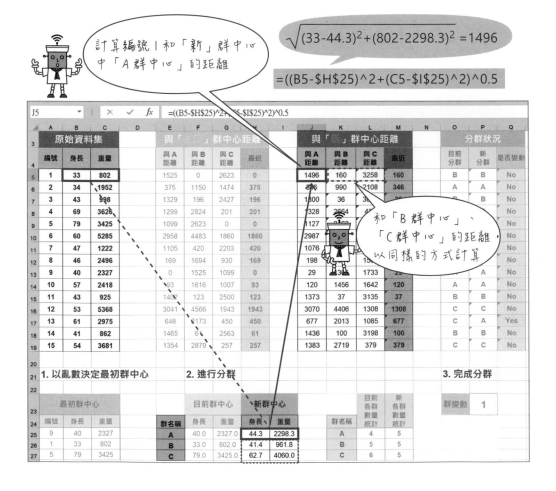

計算編號 1 和「新」群中心中「A 群中心」的距離

$$\sqrt{(33-44.3)^2 + (802-2298.3)^2} = 1496$$

=((B5-$H$25)^2+(C5-$I$25)^2)^0.5

和「B 群中心」、「C 群中心」的距離，以同樣的方式計算

❸ 將資料點分配給距離各中心點最近的群：經由 ❷ 計算後的結果得知，編號 1 和目前 3 個新群中心的最近距離值為「160」，因此編號 1 再度被畫分為「B」群，並將之記錄於「P5」儲存格。

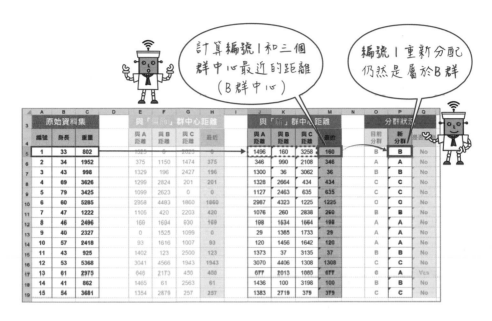

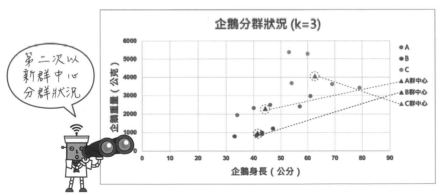

▲ 「第二次分群狀況」散佈圖

2-3 統計前後二次分群結果：依「 分群狀況 」比對前後二次分群是否變動。

❶ 記錄比對結果：將各資料點記錄於「 目前分群 」，並且和「 新分群 」的結果加以比對，把結果標記於「 分群狀況 ／ 是否變動 」的「Q5:Q19」中。例如：編號 1 前後二次都屬於「B」群，因此群變動為「No」；若不屬於同一群則為「Yes」。由下圖得知這 15 筆有 1 筆變動[註3]。

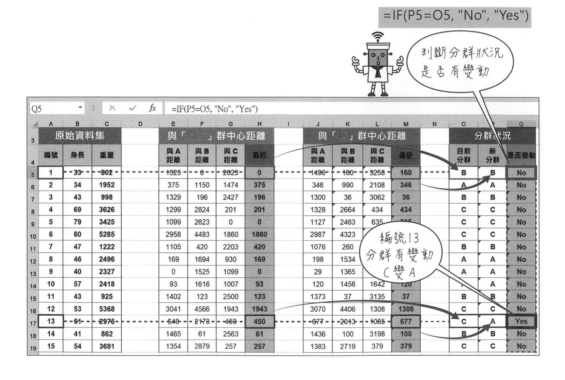

❷ 統計分群相異的筆數：將比對結果為「Yes」的總數記錄於工作表中「**3. 完成分群** ／ 群變動 」的「P23」，針對此值所代表的意義說明如下。

註3　依實作而定，可能有少數或沒有「Yes」。

- 不為「0」：以本例而言結果為「1」，表示需要重新進行分群，一直到值變成「0」或值不再改變為止。

- 為「0」：代表前後二次分群的狀況一模一樣，此時即可視為完成 K-means 模型。

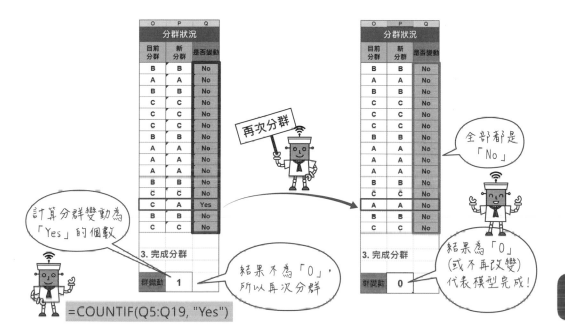

❸ 重新設定群中心後再做一次分群：前後二次分群結果仍有變動時，將工作表中「 **2. 進行分群** ／ 新群中心 」的身長和重量「H25:I27」以『貼上選項／值』的方式將值放入到工作表中「 **2. 進行分群** ／ 目前群中心 」的「F25:G27」，用來重新設定群中心並且再做一次分群[註4]。

註4 因為在工作表中已設定好相關的公式，所以複製後，工作表會"自動"執行整個重新分群 (即從 8-11 頁開始整個 **02**) 的計算過程。

03 完成模型：重複執行 **02** 中重新分群的操作，一直到工作表中「**3. 完成分群／群變動**」的「P23」值穩定，如變成「0」或不再變動時，就算完成分群，最後獲得工作表中的「**2. 進行分群／新群中心**」的身長和重量「H25:I27」為最終的群中心，即完成了 K-means 模型 註5。

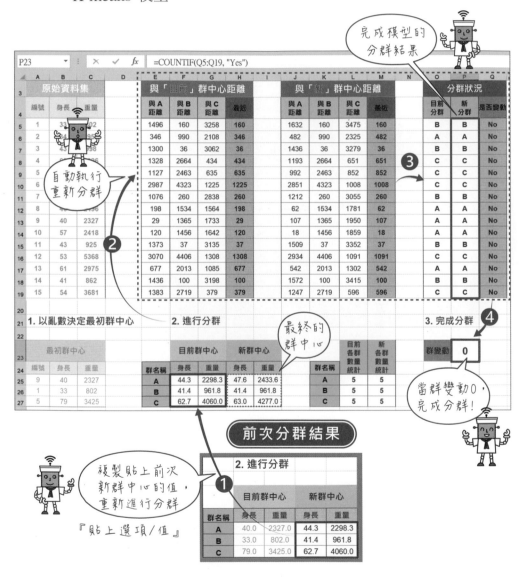

註5　最初的群中心點如果和本例的資料點不同時，所需執行的回數可能不會相同。

本例隨機取得資料編號 9, 1, 5 為最初的群中心點,經過三次分群的動作,最後得到的結果如下面的散佈圖,共分成 3 群、各有 5 筆。

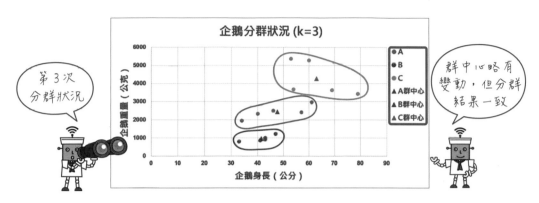

▲「第 3 次分群」散佈圖

8-2-3　分群預測

完成模型後,讓我們利用 K-means 模型來進行企鵝分群預測吧!例如給一隻企鵝的特徵值:「身長 50 公分、重量 2820 公克」,試試我們建立的分群模型,看看這隻企鵝應該會屬於哪一群。

01 輸入預測資料特徵值:在工作表中「**4. 新資料預測分群**」的「B32」與「C32」分別輸入要預測的企鵝身長 (50) 和重量 (2820)。

02 進行預測:K-means 模型會依設定的公式自動計算待預測資料的特徵值 (50,2820) 與工作表中「**2. 進行分群／新群中心**」的「H25:I27」距離。

03 輸出預測結果：在「K32」中得到「$\boxed{\substack{\text{分群}\\\text{預測}}}$」結果為「A」，也就是此隻企鵝經由模型分群預測後是屬於「A」群，它和三群的相關位置如下圖。

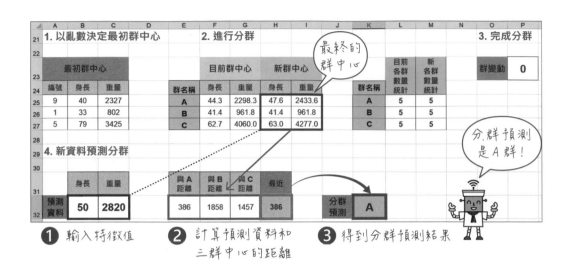

① 輸入特徵值 ② 計算預測資料和 ③ 得到分群預測結果
三群中心的距離

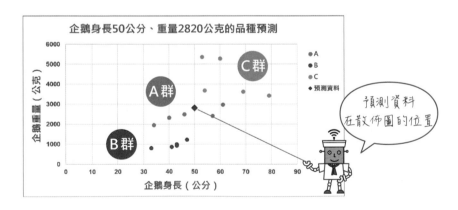

▲「預測資料的分群」散佈圖

8-2-4 分析結果

經由以上實作步驟後的結果分析，透過機器學習演算法 K-means 模型來進行分群是可行的。以本例而言，完成模型後我們給了一筆新的企鵝特徵值資料 (50，2820)，依模型預測出它是屬於「A」群，由上方的「預測資料的分群」散佈圖中也可見其與「A」群較為相近。

這樣的機器學習可以進一步應用於以下情境：

● 哪些觀眾喜歡同一種類型的音樂或電影。

● 哪些動物屬於相近的品種。

8

本章學習操演（一）

Alice 這回想利用最近剛學習的「K-means」模型對鳶尾花（Iris）資料集進行分群預測，看看：「利用鳶尾花的花萼、花瓣的長度與寬度，以 K-means 模型可以有效的區分出資料集中最有可能包含幾群（也就是幾種）鳶尾花呢？經過探索性資料分析後，她提出如此的假設！」完成模型的建置後，她迫不及待輸入一朵鳶尾花的特徵值進行分群的預測，學以致用，心中真有滿滿的成就感！

演練內容

01 資料取得：開啟「Ch08-Iris」，檢視原始資料集中的資料筆數（共有_____筆），以及所包含的欄位名稱和內容。

02 資料處理：檢查原始資料集中的資料，若有重複或缺失值時，則將該筆資料刪除。

03 探索性資料分析：參考 Ch04 實作，觀察鳶尾花品種的花萼長度、花萼寬度、花瓣長度、花瓣寬度的統計數據和分佈情形。

項目	花萼長度	花萼寬度	花瓣長度	花瓣寬度
筆數				
平均值				
最大值				
最小值				

04 完成模型：使用工作表中提供的公式，實際操作並回答以下的問題。

(1) 重新隨機產生 3 個群最初群中心，統計 K-means 模型需要經過幾次的「重新設定群中心點後再分群」才能完成分群？

 請將最初隨機產生及之後各次計算的群中心填入下表，格式為（花萼長度，花萼寬度，花瓣長度，花瓣寬度）。若表中提供的次數不足，請自行延伸。

群中心	A 群	B 群	C 群
第一次	(___, ___, ___ ,___)	(___, ___, ___ ,___)	(___, ___, ___ ,___)
第二次	(___, ___, ___ ,___)	(___, ___, ___ ,___)	(___, ___, ___ ,___)
第三次	(___, ___, ___ ,___)	(___, ___, ___ ,___)	(___, ___, ___ ,___)

(2) 分群完成後，每群所包含的資料筆數各是多少？

A 群	B 群	C 群
_____筆	_____筆	_____筆

05 分群預測：輸入如下鳶尾花的特徵值，試試建立的 K-means 模型，看看這朵鳶尾花是屬於哪一個群別？

花萼長度	花萼寬度	花瓣長度	花瓣寬度	哪一個群
6.2	3.5	5.4	2.0	＿＿＿＿＿群

 參考結果

	A	B	C	D	E	F	G	H	I	J	K	L	M	N	O	P	Q	R	S	T	U	V

1. 以亂數決定最初群中心　　**2. 進行分群**　　**3. 完成分群**

	最初群中心						目前群中心					新群中心						目前各群數量統計	新各群數量統計		群變動	0
編號	花萼長度	花萼寬度	花瓣長度	花瓣寬度		群名稱	花萼長度	花萼寬度	花瓣長度	花瓣寬度		花萼長度	花萼寬度	花瓣長度	花瓣寬度		群名稱					
126	6.1	3	4.9	1.8		A	6.8	3.1	5.7	2.1		6.9	3.1	5.7	2.1		A	38	38			
121	7.7	2.8	6.7	2		B	5.0	3.3	1.6	0.3		5.0	3.4	1.5	0.3		B	48	48			
38	5.1	3.4	1.5	0.2		C	6.0	2.8	4.5	1.4		5.9	2.7	4.4	1.4		C	61	61			

4. 新資料預測分群

		花萼長度	花萼寬度	花瓣長度	花瓣寬度		與A距離	與B距離	與C距離	最近			
預測資料		6.2	3.5	5.4	2.0		0.8	4.3	1.3	0.8		分群預測	A

本章學習操演（二）

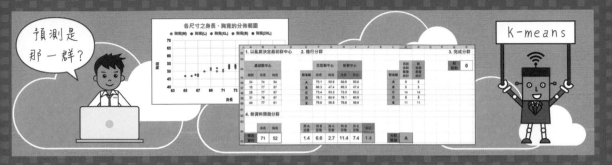

Bob 研究 T-shirt 資料集越來越起勁！他今天想試著利用「身長」及「胸寬」兩個特徵建立「K-means」模型，用來做為 T-shirt 尺寸的分群預測。建置完成模型之後，他特地搜集好友的身長和胸寬資料來進行預測，更是等不及地要和創業伙伴們一起分享這個成果。

 演練內容

01 資料取得：開啟「Ch08-T-shirt」，檢視原始資料集中的資料筆數（共有＿＿＿＿＿＿筆），以及所包含的欄位名稱和內容。

02 資料處理：檢查原始資料集中的資料，若有重複或缺失值時，則將該筆資料刪除。

03 探索性資料分析：參考 Ch04 實作，觀察 T-shirt 各種尺寸的身長、胸寬的統計數據和分佈情形。

項目	身長	胸寬
筆數		
平均值		
最大值		
最小值		

04 完成模型：使用工作表中提供的公式，實際操作並回答以下的問題。

(1) 重新隨機產生 5 個群的最初群中心，統計 K-means 模型需要經過幾次的「重新設定群中心點後再分群」才能完成分群？

提示？　請將最初隨機產生及之後各次計算的群中心填入下表，格式為 (身長, 胸寬)。若表中提供的次數不足，請自行延伸。

群中心	A 群	B 群	C 群	D 群	E 群
第一次	(___, ___)	(___, ___)	(___, ___)	(___, ___)	(___, ___)
第二次	(___, ___)	(___, ___)	(___, ___)	(___, ___)	(___, ___)
第三次	(___, ___)	(___, ___)	(___, ___)	(___, ___)	(___, ___)

(2) 分群完成後，每群所包含的資料筆數各是多少？

A 群	B 群	C 群	D 群	E 群
_____筆	_____筆	_____筆	_____筆	_____筆

05 分群預測：輸入一位朋友的身長及胸寬，利用建好的 K-means 模型預測他應該和哪一群人穿相同尺寸的 T-shirt？

身長	胸寬	哪一個群
71	52	_____ 群

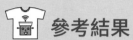 參考結果

1. 以亂數決定最初群中心

	最初群中心	
編號	身長	胸寬
34	74	54
15	77	57
28	77	57
31	76	57
44	77	61

2. 進行分群

群名稱	目前群中心		新群中心	
	身長	胸寬	身長	胸寬
A	70.1	50.9	69.9	50.8
B	66.3	47.4	66.3	47.4
C	73.4	53.3	73.3	53.2
D	78.1	60.9	78.1	60.9
E	76.6	56.8	76.6	56.8

群名稱	目前各群數量統計	新各群數量統計
A	8	8
B	5	5
C	14	14
D	8	8
E	11	11

3. 完成分群

群變動	0

4. 新資料預測分群

	身長	胸寬
預測資料	71	52

與A距離	與B距離	與C距離	與D距離	與E距離	最近
1.4	6.6	2.7	11.4	7.4	1.4

分群預測	A

MLP
分類預測

開啟
資料集

南極企鵝

加拉帕戈斯企鵝　　小藍企鵝

50cm
2820g

這是哪一種
企鵝品種呢？

資料
處理

補缺失值 / 刪除重複值

探索性
分析

「身長」和「重量」與「品種」具有關聯性

特徵：身長和重量　　標籤：品種代碼

深度學習

挑選
模型

MLP模型
運作流程

01 設定隱藏層和輸出層的參數

02 隱藏層的計算機制　　**03** 產生輸出層及誤差值總和

2-1 計算神經元的加權總和　　3-1 計算加權總和

2-2 正規化神經元的值　　3-2 計算誤差值總和

完成
模型

2-3 計算神經元的激活函數值　　3-3 初步預測

04 規劃求解　　將權重、偏量進行優化，讓模型擁有最小的誤差值總和

分類
預測

分析
結果

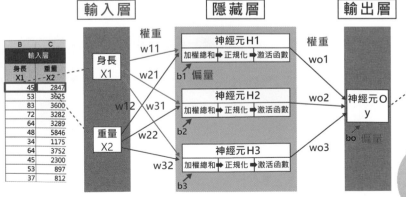

第 9 章

深度學習實戰：
MLP 做分類

第 7 章我們利用 KNN 做分類，本章嘗試利用深度
學習裡的 MLP (多層感知器) 來做企鵝的分類預測。

9-1　深度學習前準備 ─ 以企鵝分類為例

在本章我們利用企鵝資料集的「品種」做為標籤，也就是標準答案，採用「MLP」實作如何透過企鵝的身長與重量做分類。

 資料科學 **❶ 問個感興趣的問題**

Alice 在第 7 章以 KNN 做企鵝分類，本章將改用 MLP 解決以下兩個問題：

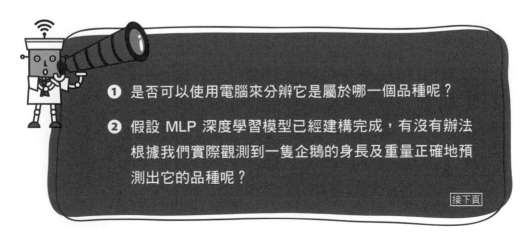

❶ 是否可以使用電腦來分辨它是屬於哪一個品種呢？

❷ 假設 MLP 深度學習模型已經建構完成，有沒有辦法根據我們實際觀測到一隻企鵝的身長及重量正確地預測出它的品種呢？

接下頁

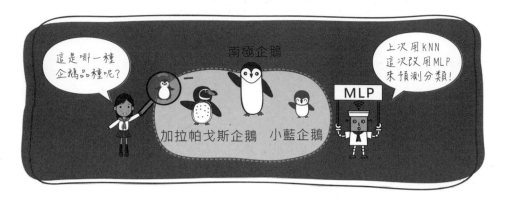

資料科學 ❶ 資料取得

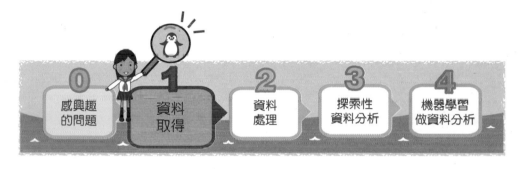

開啟「Ch09- 企鵝資料集」，首先觀察「企鵝資料集」工作表中包含的欄位及每筆資料。取得的資料筆數共有 246 筆，並且包含了編號、身長、重量、品種及品種代碼等 5 個欄位。

	A	B	C	D	E
1	編號	身長	重量	品種	品種代碼
2	1	45	2847	加拉帕戈斯企鵝	1
3	2	53	3625	南極企鵝	2
4	3	83	3600	南極企鵝	2
5	4	72	3282	南極企鵝	2
6	5	64	3289	南極企鵝	2
242	246	48	5846	南極企鵝	2
243	247	34	1175	小藍企鵝	0
244	248	64	3752	南極企鵝	2
245	249	45	2300	加拉帕戈斯企鵝	1
246	250	53	897	小藍企鵝	0
247	251	37	812	小藍企鵝	0

企鵝資料集　MLP模型　⊕

品種代碼

0：小藍企鵝

1：加拉帕戈斯企鵝

2：南極企鵝

0　1　2

▲ 「企鵝資料集」原始資料

先瞭解各欄的標題與資料型態 → 檢查是否有缺失值的問題 → 檢查有無重複值的問題，這些操作都如同前面幾章的說明。

依第 4 章探索性資料分析得知，企鵝的「身長」及「重量」這兩個欄位與「品種」具有重要的關聯性，所以我們採用這兩欄做為接下來深度學習的特徵，以品種代碼為標籤。

特徵　　標籤

	A	B	C	D
9	編號	身長 X1	重量 X2	品種 代碼
10	1	45	2847	1
11	2	53	3625	2
12	3	83	3600	2
13	4	72	3282	2
14	5	64	3289	2
250	246	48	5846	2
251	247	34	1175	0
252	248	64	3752	2
253	249	45	2300	1
254	250	53	897	0
255	251	37	812	0

資料科學 ❹ 機器學習做資料分析

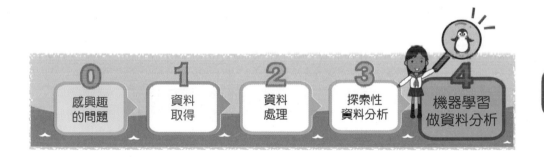

取得資料的特徵值及標籤之後，就可以開始機器學習的實作，這裡我們用深度學習裡的 MLP（多層感知器）來做企鵝的分類預測，請見下一節的說明。

9-2　深度學習實作 — 以企鵝分類為例

取得資料的特徵值及標籤之後，就可以開始深度學習的實作，程序步驟為：挑選模型 → 完成模型 → 預測分類。經過 MLP 深度學習的重複調校過程完成模型後，即可進行預測分類，結果將如下圖所示。

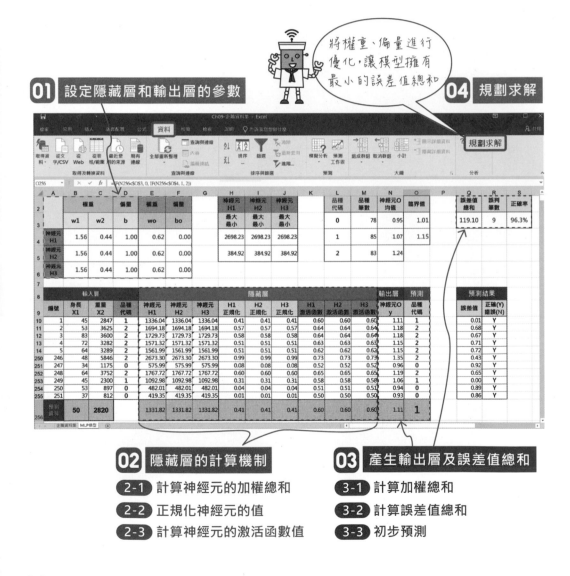

 **9-2-1 挑選模型**

參考第 5 章深度學習之多層感知器 (MLP) 的部分,我們了解「針對不同問題需要分別設計不同的層數、神經元數、激活函數 ...,而是否能得到較佳的預測結果,其調整過程可以說是一項藝術」。本章針對企鵝資料集採用的方案是:「1 個隱藏層」、「隱藏層包含 3 個神經元」、「1 個輸出層神經元」,MLP 模型的架構如下圖,我們可進一步將模型對應到工作表中。

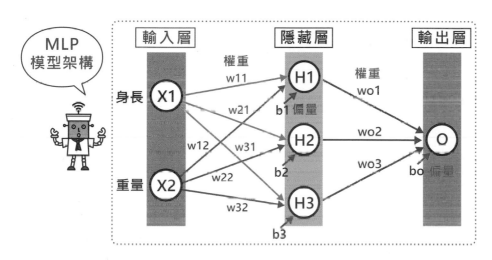

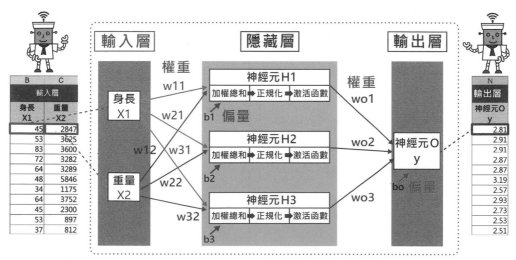

我們觀察下圖企鵝資料集品種的分佈狀況，可以發現，若想以直線來分割相鄰的兩個類別，效果並不佳，因此激活函數採用常見的「非線性」函數：Sigmoid 函數。

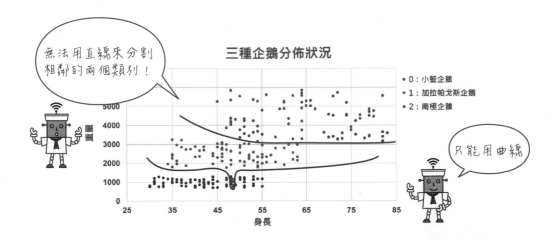

選用深度學習模型常被考量的因素：「線性」、「非線性」是什麼涵義？

要處理的問題其資料集經視覺化後，若分佈狀況用直線就可以有效的分割，就可稱為「線性問題」；反之，需藉助曲線來分割則為「非線性問題」。

在設計隱藏層裡的神經元其內部處理機制時，我們需要考慮如下圖的現象：如果資料在送入 Sigmoid 激活函數之前，沒有經過正規化 (Normalization) 的調整，那麼從結果來看原本可以清楚區分的數據會變成無法區分，這會使得之後的各項運算無法再區分出類別！因此在使用 Sigmoid 激活函數之前需先將數據正規化。

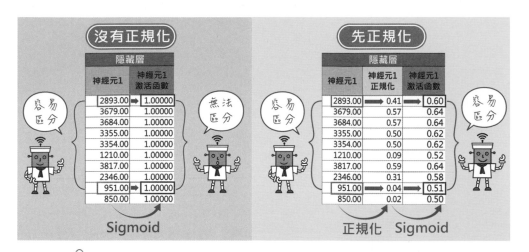

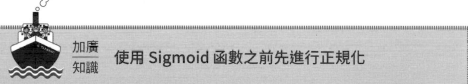

加廣知識　**使用 Sigmoid 函數之前先進行正規化**

這裡使用的正規化是將數據轉換成 0~1 之間的值，如此的轉換在本例中是相當重要的，因為想採用 Sigmoid 函數做為激活函數，需要讓傳入 Sigmoid 函數的值避免落在「+5 以上」或「-5 以下」。如下圖中，可以看出 Sigmoid 函數在輸入值大於 5、或小於 -5 時，轉換所得到的值幾乎一樣，非常接近 1、或接近 0，也就是說，這類資料使用經過 Sigmoid 函數轉換的值將無法區分。

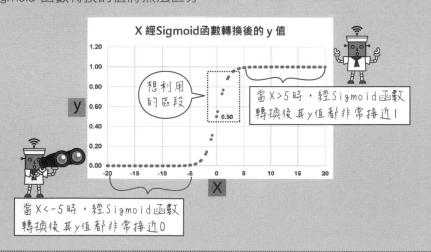

接下來開始建構 MLP 模型，在輸入層的部份，以企鵝資料集的「身長」和「重量」兩個欄位做為「MLP 模型」的特徵，而「品種代碼」欄位為標籤。

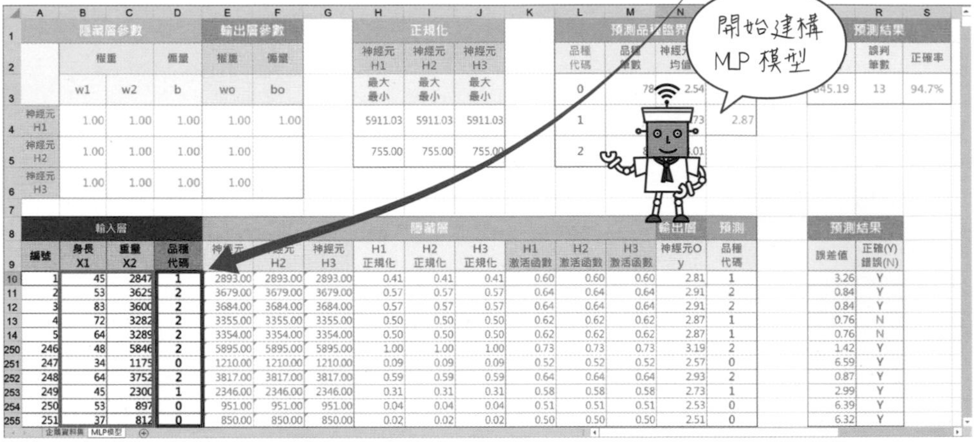

特徵　　　　　標籤

開始建構 MLP 模型

9-2-2　完成模型

MLP 是「重複調整模型的各項權重、偏量，使模型最終可以有最小的誤差值總和，達到最佳預測結果」。運作流程如下圖：

01 設定隱藏層和輸出層的參數

任意給定權重、偏量值，可以都設成 1

02 隱藏層的計算機制

2-1 計算神經元的加權總和

將權重、偏量和特徵值計算隱藏層神經元的加權總和＋偏量

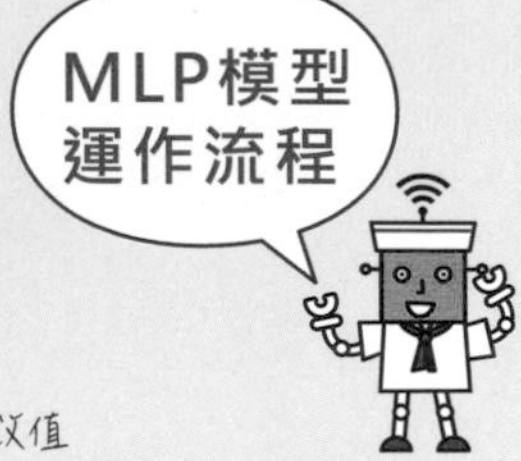

MLP模型運作流程

2-2 正規化神經元的值　將神經元的值轉換成介於 0～1 之間的數

2-3 計算神經元的激活函數值　將神經元的值以 Sigmoid 激活函數轉換

03 產生輸出層及誤差值總和 ➤

3-1 計算加權總和　將隱藏層神經元的值和輸出層的權重、偏量計算加權總和(本例稱為 y 值)

3-2 計算誤差值總和　計算每一筆的 y 值和標籤的誤差，並加總所有資料的誤差

3-3 初步預測 以 y 值預測每筆的品種代碼

04 規劃求解 ➤　增益集中的「規劃求解」

將權重、偏量進行優化，讓模型擁有最小的誤差值總和

接下來讓我們仔細觀察各步驟，了解 MLP 模型內部的運作流程。

01 設定隱藏層和輸出層的參數：MLP 模型的每一層都需要設定合宜的權重及偏量，一開始時可以設定任意值，讓模型的自我學習能力進行調整！如下圖先將隱藏層和輸出層的權重與偏量都設定為 1。

同一神經元的權重值不可全是 0，否則正規化會出錯。

可仿用此圖都設定為 1

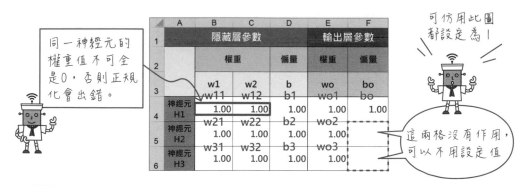

這兩格沒有作用，可以不用設定值

02 隱藏層的計算機制：

2-1 計算神經元的加權總和：將輸入層的輸入資料和權重、偏量進行如下的計算，得到各神經元的加權總和。

例如：神經元 H1 得到來自編號 1 資料之輸入 X1、X2 的加權總和計算如下：

「E10」=w11*X1 +w12*X2 +b1

=SUMPRODUCT(B10:C10, \$B\$4:\$C\$4)+\$D\$4

=1*45 +1*2847 +1=2893

整個工作表的計算結果如下圖：

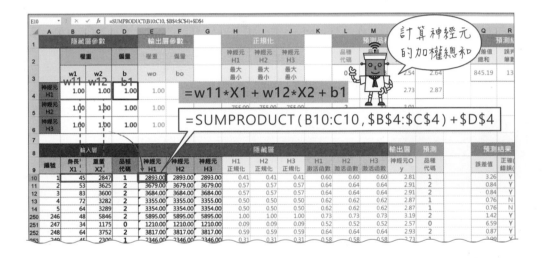

2-2 正規化神經元的值：要將神經元 H1 正規化，目的在於把神經元 H1 的值轉換成介於 0～1 之間的數，方法是最大值要化為 1、最小值化為 0，而其他值依比例縮小到 0～1 的數。舉例來說，「E10：E255」的最大值是 5911.03、最小值是 755.00，編號 1 的神經元 H1 的加權總和「E10」=2893.00，H1 正規化的計算式如下：

$$H1 正規化 = \frac{H1的加權總和 - 最小值}{最大值 - 最小值} = (E10 - H\$5)/(H\$4 - H\$5) = \frac{2893.00 - 755.00}{5911.03 - 755.00} = 0.41$$

神經元 H2 和 H3 也依此方式進行正規化，計算結果如下圖。

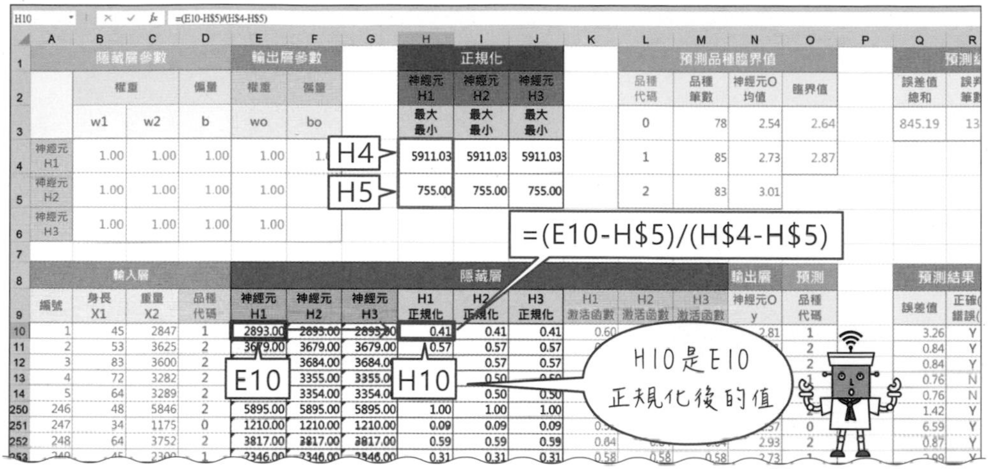

2-3 計算神經元的激活函數值：正規化後神經元的值再經過 Sigmoid 激活函數後，才可以往輸出層傳遞。Sigmoid 函數的算式如下：

$$Sigmoid(x) = \frac{1}{1+e^{-x}}$$

例如：神經元 1 經過激活函數計算

「K10」= Sigmoid(H10)
= 1/(1+EXP(-H10))

$$Sigmoid(0.41)$$
$$= \frac{1}{1+e^{-0.41}} = 0.60$$

工作表計算結果如下：

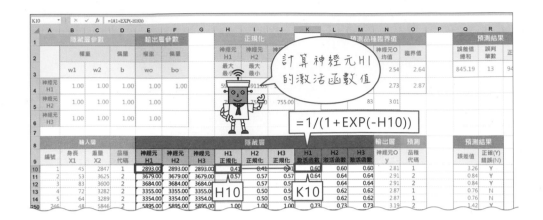

03　產生輸出層及誤差值總和：

3-1　計算加權總和（y 值）：得到隱藏層各神經元的激活函數值後，將三個神經元的值、權重、偏量計算加權總和，得到輸出層的 y 值。

例如：資料編號 1 的神經元 O 的 y 值算式如下：

神經元 O 的 y →「N10」=wo1*H1 + wo2*H2 + wo3*H3 + bo

　　　　　　　　=$E$4*K10 + $E$5*L10 + $E$6*M10 + $F$4

　　　　　　　　=1*0.60 + 1*0.60 + 1*0.60 + 1 = 2.81

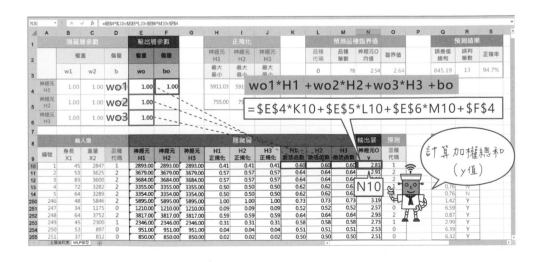

3-2 計算誤差值總和：經過上述一連串的計算後，理想上，我們希望對於資料編號 1 得到的 y 值要很接近、甚至等於品種代碼「1」。目前工作表中「N10」得到的值是「2.81」，所以和理想目標值「1」的差距 = 2.81 – 1 = 1.81。因為求差距的大小不需要有正負，所以誤差值的算式如下：

誤差值 = (y- 標籤)^2

例如：資料編號 1 的誤差值是：

「Q10」= (N10-D10)^2 = (2.81-1)^2 = 3.26，

將每一筆的誤差值加總，可得此 MLP 模型的整體誤差，即：

誤差值總和「Q3」= SUM (Q10:Q255) = 845.19。

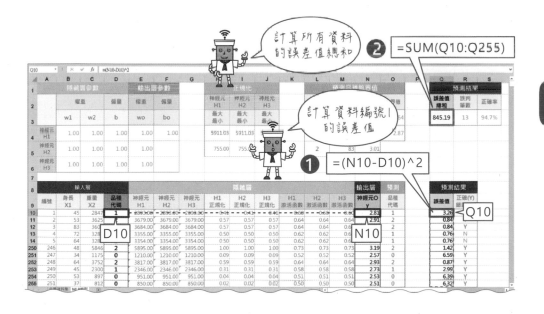

3-3 初步預測：從上面所得到神經元 O 的 y 值，可以進一步得到各品種的神經元 O 均值。並且在兩兩品種的神經元 O 均值之間可以訂出一個臨界值，利用臨界值就可以有效地區分這兩個品種！

例・先計算三品種企鵝的平均 y 值各為 2.54、2.73、3.01。

例如：品種 0 之神經元 O 的 y 值的平均值「N3」

=AVERAGEIF($D$10:$D$255, L3, $N$10:$N$255)=2.54

・再由品種平均 y 值和品種筆數計算出三品種企鵝的臨界值。

例如：品種 0 和品種 1 的平均 y 值分別為 2.54、2.73，以下列的算式計算出品種 0 和 1 的臨界值「O3」為 2.64。

「O3」=

$$\frac{品種0平均y值*品種0筆數 + 品種1平均y值*品種1筆數}{品種0筆數 + 品種1筆數}$$

= (N3*M3+N4*M4) / (M3+M4)

$$= \frac{2.54*78+2.73*85}{78+85}$$

= 2.64

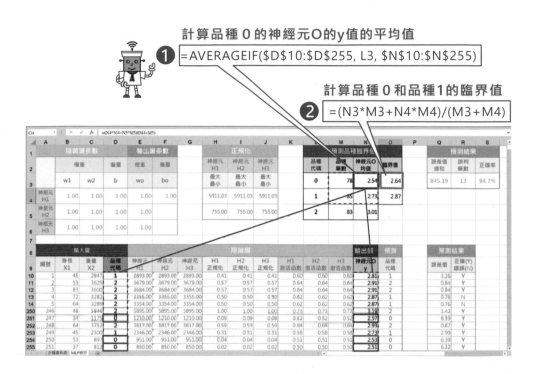

計算品種 0 的神經元 O 的 y 值的平均值

❶ =AVERAGEIF($D$10:$D$255, L3, $N$10:$N$255)

計算品種 0 和品種 1 的臨界值

❷ =(N3*M3+N4*M4)/(M3+M4)

求得兩兩品種的臨界值「2.64、2.87」之後，就可以依如下條件進行品種預測：

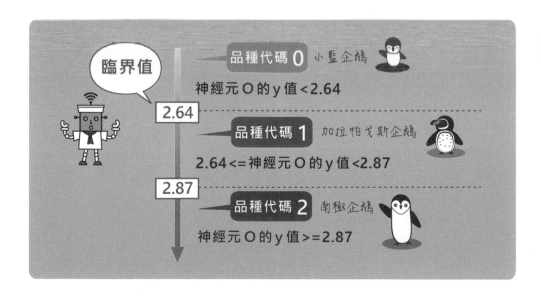

例如：資料編號 1 的神經元 O 的 y 值是「2.81」會被歸類為品種「1」，依此結果得到預測的正確性「R10」為「Y」。比較所有資料使用此模型參數所得的預測狀況，可以得到誤判筆數為 13、正確率為 1 - 13/246 = 94.7%。

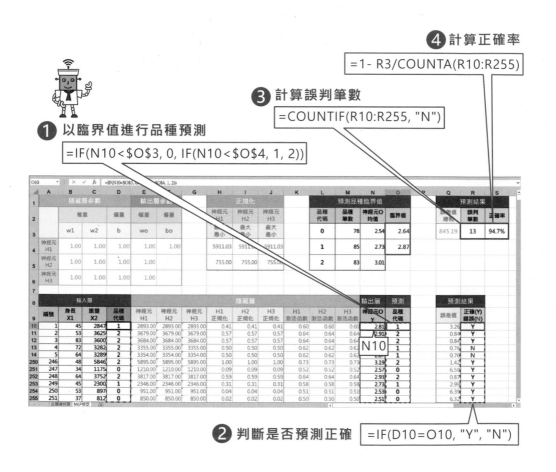

❹ 計算正確率

`=1- R3/COUNTA(R10:R255)`

❸ 計算誤判筆數

`=COUNTIF(R10:R255, "N")`

❶ 以臨界值進行品種預測

`=IF(N10<$O$3, 0, IF(N10<$O$4, 1, 2))`

❷ 判斷是否預測正確　`=IF(D10=O10, "Y", "N")`

04 規劃求解：了解如上一連串的計算後，最後一個關鍵性的步驟是優化權重和偏量「B4：F6」，讓模型擁有最小的誤差值總和「Q3」。Excel 提供「規劃求解」這個增益集，讓我們可以輕鬆地達成優化的工作，設定方式如下圖。

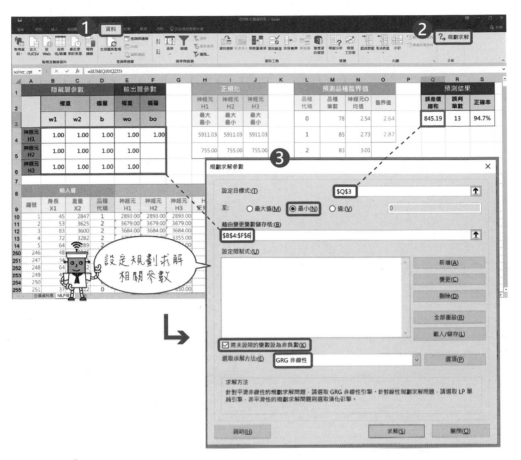

設定規劃求解相關參數

加廣
知識　**如何加入增益集中的規劃求解？**

若使用的 Excel 中沒有『規劃求解』的功能選項時，可以選取『檔案／選項／增益集』，在右側中點選「分析工具箱」後再按 執行(G)... 鈕，勾選增益集中的「規劃求解增益集」，即可將『規劃求解』設定到『資料』功能表選單中。

接下頁

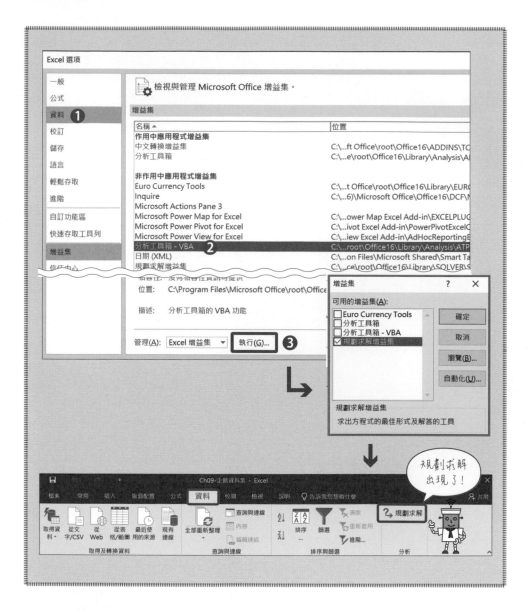

　　經過規劃求解之後，得到優化的權重、偏量及預測結果如下右圖，可看出經過規劃求解後，誤差值總和變小、預測正確率變大。另外，比較模型在規劃求解前後三品種企鵝散佈圖的分佈狀況，可以看出模型經過優化後，在品種臨界值附近的資料筆數變得比較稀疏，也就是能夠更正確地區分出品種。

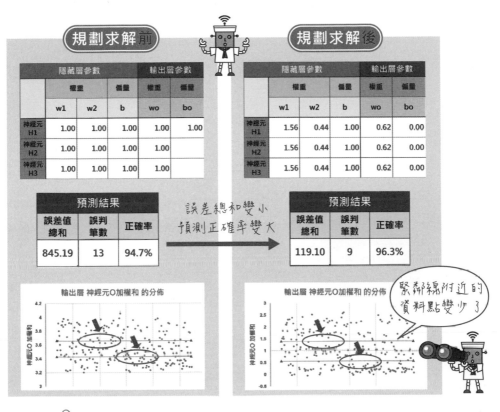

加廣知識 **規劃求解的 GRG 非線性是什麼樣的功能？**

在 9-19 頁規劃求解視窗中看到的 GRG (Generalized Reduced Gradient、一般化縮減梯度) 是用於處理非線性的問題，本章企鵝資料集在調整權重、偏量時要採用這個選項。參考如下微軟的規劃求解說明網頁。

https://support.microsoft.com/zh-tw/office/ 使用規劃求解定義和解決問題 -5d1a388f-079d-43ac-a7eb-f63e45925040

　　如果評估後，模型的準確性已可接受，則模型建立完成；否則，重新修改隱藏層的層數、神經元個數、激活函數 ... 等等參數後再重新訓練。

9-2-3　分類預測

給一隻企鵝的兩個特徵值：「身長 50 公分、重量 2820 公克」，試試我們建立的 MLP 模型，看看這隻企鵝應該屬於哪一個品種？

9-2-4　分析結果

MLP 模型隱藏層若使用的層數、神經元個數及激活函數選用的好時，可能一開始 " 任意 " 給定的權重和偏量，就能有相當好的預測效果，亦即在還沒進行規劃求解的權重調整步驟之前，就能有不錯的表現，本例的企鵝資料集搭配設計的 MLP 模型就是如此。

經由以上實作結果的分析，透過深度學習演算法 MLP 模型輸入訓練資料並進行深度學習，利用完成的模型進行分類是可行的。這樣的深度學習可以進一步應用於以下情境：

● 由 Titanic（鐵達尼號）乘客的性別、年齡、艙等來預測沉船災難時是否可以生還。

● 由一個人的性別與身高預測鞋的尺寸。

加廣
知識

若一開始給定的初始參數有較高的誤判率，經過本模型進行規劃求解後，也能有不錯的預測效果。

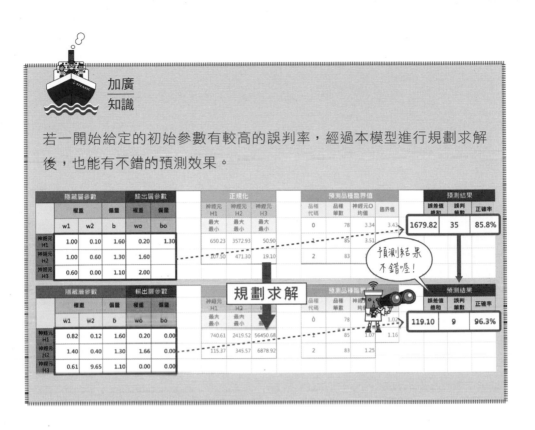

本章學習操演（一）

花萼長度 6.2cm
花萼寬度 3.5cm
花瓣長度 5.4cm
花瓣寬度 2cm

○ 山鳶尾花
○ 變色鳶尾花
◉ 維吉尼亞鳶尾花

MLP 模型

Alice 對於機器學習領域覺得越來越有趣！繼 KNN 及 K-means 之後，這幾天她學習了 MLP 演算法，並且建構了用來預測鳶尾花分類的 MLP 深度學習模型，就讓我們和她一起來探究一下吧！

演練內容

01 資料取得：開啟「Ch09-Iris」並切換至「MLP 模型」工作表，檢視資料集共有多少資料筆數（共有 ＿＿＿＿＿＿ 筆），以及所包含的欄位名稱和內容。

02 資料處理：

(1) 將鳶尾花品種轉換成品種代碼。

(2) 檢查原始資料集中的資料，若有重複或缺失值時，則將該筆資料刪除。

品種	品種代碼
山鳶尾花	1
變色鳶尾花	2
維吉尼亞鳶尾花	3

03 探索性資料分析：參考 Ch04 實作，切換至「數據分析」工作表，觀察各鳶尾花品種的花萼長度、花萼寬度、花瓣長度、花瓣寬度的統計數據和分佈情形。

項目	花萼長度	花萼寬度	花瓣長度	花瓣寬度
筆數				
平均值				
最大值				
最小值				

04 完成模型：使用工作表中提供的公式，實際操作並回答以下的問題。

(1) Alice 採用 MLP 實作，觀察給予的模型，請問隱藏層採用多少層（_____層）？隱藏層的一層使用多少個神經元（_____個神經元）？隱藏層的每一層使用什麼樣的處理步驟（_____ ⟹ _____ ⟹ _____）？

(2) 此 MLP 模型輸出層採用多少個神經元（_____個神經元）？使用什麼樣的處理步驟（_____）？

(3) 模型要進行訓練前需要先給定權重和偏量「B4：H5」(H5 那一格可以不用給)，如下表，請將你想採用的值填入下列工作表中。

	A	B	C	D	E	F	G	H
1		隱藏層參數					輸出層參數	
2		權重				偏量	權重	偏量
3		w1	w2	w3	w4	b	wo	bo
4	神經元 H1							
5	神經元 H2							

9

(4) 使用如上給定參數，觀察本組參數所產生下表空格的數據各是多少？

	M	N	O	P	Q	R	S	T
1		預測品種臨界值					預測結果	
2	品種代碼	品種筆數	神經元O均值	臨界值		誤差值總和	誤判筆數	正確率
3	1	48						
4	2	50						
5	3	49						

(5) 接著以功能表『資料／規劃求解』進行參數的優化，再將優化的參數填入下表的空格中。

	A	B	C	D	E	F	G	H
1		隱藏層參數					輸出層參數	
2		權重				偏量	權重	偏量
3		w1	w2	w3	w4	b	wo	bo
4	神經元H1							
5	神經元H2							

(6) 觀察訓練後的參數產生下表空格的數據各是多少？

	M	N	O	P	Q	R	S	T
1		預測品種臨界值					預測結果	
2	品種代碼	品種筆數	神經元O均值	臨界值		誤差值總和	誤判筆數	正確率
3	1	48						
4	2	50						
5	3	49						

05 進行預測：輸入一朵鳶尾花的特徵值，花萼長度 6.2cm、花萼寬度 3.5cm、花瓣長度 5.4cm 及花瓣寬度 2cm，利用建好的 MLP 模型預測這朵鳶尾花屬於哪一品種（＿＿＿＿＿鳶尾花）？

參考結果

	A	B	C	D	E	F	G	H	I	J	K	L	M	N	O	P	Q	R	S	T
1		隱藏層參數					輸出層參數			正規化				預測品種臨界值					預測結果	
2			權重			偏權	權重	偏權		神經元 H1	神經元 H2		品種代碼	品種筆數	神經元O均值	臨界值		誤差值總和	誤判筆數	正確率
3		w1	w2	w3	w4	b	wo	bo		最大最小	最大最小		1	48	1.73	1.93		48.54	6	95.9%
4	神經元H1	0.00	0.00	0.79	3.16	0.97	1.72	0.00		13.67	13.84		2	50	2.13	2.23				
5	神經元H2	0.00	0.00	0.80	3.19	0.98	1.64	0.00		2.15	2.18		3	49	2.34					
6																				
7																				
8		輸入層						隱藏層					輸出層	預測			預測結果			
9	編號	花萼長度 X1	花萼寬度 X2	花瓣長度 X3	花瓣寬度 X4	品種	品種代碼	神經元 H1	神經元 H2	H1 正規化	H2 正規化	h1 激活函數	h2 激活函數	神經元O y	品種代碼		誤差值	正確(Y) 誤判(N)		
10	1	5.1	3.5	1.4	0.2	山鳶尾花	1	2.71	2.74	0.05	0.05	0.51	0.51	1.72	1		0.51	Y		
11	2	4.9	3	1.4	0.2	山鳶尾花	1	2.71	2.74	0.05	0.05	0.51	0.51	1.72	1		0.51	Y		
12	3	4.7	3.2	1.3	0.2	山鳶尾花	1	2.63	2.66	0.04	0.04	0.51	0.51	1.71	1		0.51	Y		
13	4	4.6	3.1	1.5	0.2	山鳶尾花	1	2.79	2.82	0.05	0.05	0.51	0.51	1.72	1		0.52	Y		
14	5	5	3.6	1.4	0.2	山鳶尾花	1	2.71	2.74	0.05	0.05	0.51	0.51	1.72	1		0.51	Y		
152	146	6.7	3	5.2	2.3	維吉尼亞鳶尾花	3	12.33	12.48	0.88	0.88	0.71	0.71	2.37	3		0.39	Y		
153	147	6.3	2.5	5	1.9	維吉尼亞鳶尾花	3	10.91	11.04	0.76	0.76	0.68	0.68	2.29	3		0.51	Y		
154	148	6.5	3	5.2	2	維吉尼亞鳶尾花	3	11.39	11.52	0.80	0.80	0.69	0.69	2.31	3		0.47	Y		
155	149	6.2	3.4	5.4	2.3	維吉尼亞鳶尾花	3	12.49	12.64	0.90	0.90	0.71	0.71	2.38	3		0.38	Y		
156	150	5.9	3	5.1	1.8	維吉尼亞鳶尾花	3	10.68	10.80	0.74	0.74	0.68	0.68	2.27	3		0.53	Y		
157	輸入資料	6.2	3.6	6.4	2			11.54	11.68	0.82	0.82	0.69	0.69	2.32	3					
168																				

MLP模型　數據分析

9

Bob 利用機器學習研究 T-shirt 資料集可說是越來越有心得！這幾天他和朋友討論著未來一起創業的夢想，並分享最近機器學習的成果。他利用 MLP 演算法建立了預測 T-shirt 尺寸的深度學習模型，輸入自己的胸寬 52cm 和身長 71cm，預測出尺寸是 M。他也想收集朋友們的資料，好好來進行預測一下！

 演練內容

01 資料取得：開啟「Ch09-T-shirt」並切換至「MLP 模型」工作表，檢視資料集共有多少資料筆數（共有 _____ 筆），以及所包含的欄位名稱和內容。

02 資料處理：

(1) 將 T-shirt 尺寸轉換成尺寸代碼：S → 1、M → 2、L → 3、XL → 4、2XL → 5。

(2) 檢查原始資料集中的資料，若有重複或缺失值時，則將該筆資料刪除。

03 探索性資料分析：參考 Ch04 實作，切換至「數據分析」工作表，觀察各尺寸的身長、胸寬的統計數據和分佈情形。

項目	身長	胸寬
筆數		
平均值		
最大值		
最小值		

04 完成模型：使用工作表中提供的公式，實際操作並回答以下的問題。

(1) Bob 採用 MLP 實作，觀察給予的模型，請問隱藏層採用多少層（＿＿＿＿＿＿層）？隱藏層的一層使用多少個神經元（＿＿＿＿＿＿個神經元）？隱藏層的每一層使用什麼樣的處理步驟（＿＿＿＿＿＿ ➡ ＿＿＿＿＿＿ ➡ ＿＿＿＿＿＿？

(2) 此 MLP 模型輸出層採用多少個神經元（＿＿＿＿＿＿個神經元）？使用什麼樣的處理步驟（＿＿＿＿＿＿）？

(3) 模型要進行訓練前需要先給定權重和偏量「B4：F6」(F5、F6 那兩格可以不用給)，如下表，請將你想採用的值填入工作表中。

	A	B	C	D	E	F
1		隱藏層參數			輸出層參數	
2		權重		偏量	權重	偏量
3		w1	w2	b	wo	bo
4	神經元 H1					
5	神經元 H2					
6	神經元 H3					

9

(4) 使用如上給定參數，觀察本組參數所產生下表空格的數據各是
多少？

	L	M	N	O	P	Q	R	S
1	預測品種臨界值					預測結果		
2	尺寸代碼	尺寸筆數	神經元O均值	臨界值		誤差值總和	誤判筆數	正確率
3	1	6						
4	2	9						
5	3	15						
6	4	9						
7	5	7						

(5) 接著以功能表『資料／規劃求解』進行參數的優化，再將優化的
參數填入下表的空格中。

	A	B	C	D	E	F
1		隱藏層參數			輸出層參數	
2		權重		偏量	權重	偏量
3		w1	w2	b	wo	bo
4	神經元 H1					
5	神經元 H2					
6	神經元 H3					

(6) 觀察訓練後的參數產生下表空格的數據各是多少？

	預測品種臨界值					預測結果		
	尺寸代碼	尺寸筆數	神經元O均值	臨界值		誤差值總和	誤判筆數	正確率
	1	6						
	2	9						
	3	15						
	4	9						
	5	7						

05 進行預測：完成 MLP 模型後，利用自己的資料（身長 71cm、胸寬 52cm）預測應該選擇哪一種 T-shirt 的尺寸（＿＿＿＿＿）？

參考結果

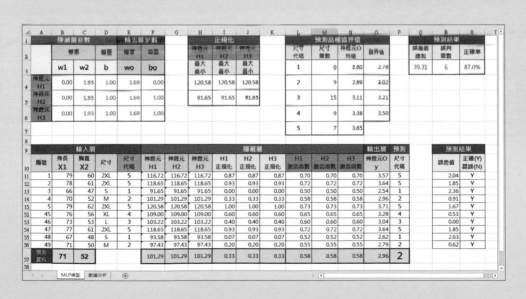

memo